陳大達（筆名：小瑞老師）●著

飛機構造與原理

圖解式飛航原理簡易入門小百科

作者序

一、所謂「書、一本好書、一本適合自己的好書」，作者認為好書的定義是「觀念正確清晰以及適合自己程度的書」。唯有選擇適合自己程度的書籍閱讀，才能入門。唯有入門之後，才能自學、培養基本能力以及更加精進。所謂「師父領進門，修行在個人」，沒有一種知識或能力，是會憑空得來，是不需努力就會得到的。

二、隨著目前二岸的交流頻繁，觀光旅遊業的盛行，無論是民間與政府對航空人才的需求愈來愈多，但是如果您想掌握先機，獲得好的航空職缺，「飛航原理」是必備的知識。

三、飛航原理是「飛行原理」、「飛行力學」、「航空氣象」、「航空儀表」、「航空通信」、「航空維護」，甚至「飛航安全」的基礎，在我擔任飛機修護官、飛機管制官、飛機系統分析官、飛航教官以及空軍航空技術學院的助理教授時，我沒看過一個連「飛航原理」都學不好的人，能將航空其他相關的學科學好。除此之外，在從事航空工作十餘年的生涯當中，我看過很多意外都是因為工作人員對「飛航原理」的基礎觀念缺乏所造成的。

四、和其他交通工具比較，航空運輸應該是最安全的交通工具，但是航空事故較為殘忍的一點在於它與其他交通事故不同，航空事故的發生可能代表的是大量的人命損失以及高價值的飛機在瞬間消逝，它所帶給國人的震撼及社會的成本是無可諱言的。但是根據調查，有很多的航空意外都是因為駕駛員、操作員或修護員的訓練不足以及基礎觀念缺乏或不正確所導致。所以民航局特別發布新聞稿聲明：「我們所錄取的員工，基礎觀念一定要正確。至於其他，我們內部會訓練。」，就是為了防止飛安事故，保障旅客安全，相信所有航空公司招募人才的標準應該也是如此。

五、航空證照的考試分成飛丙、飛乙、CAA以及FAA等，飛丙證照由於獲得證照的人數太多，對求職幾乎是沒有任何幫助。而CAA與FAA單是受訓就要二、三十萬，在繳上大筆學費與耗費大量時間，卻一無所獲，你或妳以及您們的父母甘心嗎？

六、目前有許多民航補習班強調到國外受訓，在短期間之內，就可以獲得各項航空證照所需具備的知識。但是就如「揭開飛行的奧祕」一書的作者 王懷柱博士在書中所說：「到國外的學生會有語言與環境適應不良的問題，如果不能在國內便加強航空學科，常常會面臨學習無效的窘境」，惟有在國內做好準備，才不會讓自己辛苦或父母所賺的金錢白費。

七、飛航原理並不是一門高深的學問，但是不接觸飛機實體就很難入門，沒有系統性的介紹，又很難有正確的觀念，市面上雖然有許多圖解航空書籍，但都是介紹片斷的知識，反而讓人一知半解，造成觀念的混亂。

八、我在2010年至2012年間綜整民航特考考題，並於2013年出版了四本民航特考專書。在綜整的過程中，我發現飛航管制、航空駕駛以及航空通信的飛行原理考古題與航務管理的空氣動力學是相通的。另外，航空氣象學的考古題有時也會穿插在飛行原理考試題目中。在2013年我首次教導民航特考的考生，以此邏輯教授學生，竟創下指導學生錄取人數達到民航局民航特考所有科目的總錄取率將近一半以上的佳績，這也證明了此一教學邏輯的正確。

九、在2012至2013年間，我非常的幸運地藉由讀者信箱接觸到很多民航特考的考生，藉由彼此之間不斷的交流與溝通，發現許多民航特考的考生，不論是航空本科或是非航空本科，他們讀書的認真程度是你我無法想像的。可是雖然讀書認真，就是無法擠進民航特考的窄門。在與他們的交談當中，我想有一部份的原因可能是因為他們航空的基礎知識缺乏以及受到網路或是補習班錯誤觀念的誤導所致，也有可能是傳統的航空教學與教科書是以學術研究或繼續升學為教學的導向，而非是以實用或就業來做知識傳承的目的。

十、有鑑於此，我利用圖解式、系統式、簡明式以及條列式的文字說明，並且以實用與就業做為編寫的導向來編撰本書。採用圖解式的說明方法是希望讓讀者或學生不必看到飛機實體，也能清楚飛機的構造與原理。使用系統式、簡明式以及條列式的文字說明，是想讓讀者或學生能夠快速又完整地獲得正確的航空知識與觀念。或許在排版上會因為希望讓讀者或學生能以最清楚與最方便的模式閱讀而選擇間隔，希望讀者與學生們見諒。

十一、個人希望本書能成為一本介紹民航工程的入門書籍，不僅可以提供航空相關科系CAA考照以及民航局高考與民航特考「飛行原理」、「空氣動力學」、「航空氣象學」與「航空通信」考試科目的參考，更可做為對航空工程有興趣學生的課外讀物與二專、二技、大學航空相關課程使用。

十二、本書能夠出版首先感謝本人已故父母陳光明先生與陳美鸞女士的大力栽培，內人高瓊瑞女士在撰稿期間諸多的協助與鼓勵。除此之外，承蒙秀威資訊科技股份有限公司惠予出版和陳佳怡與賴英珍二位小姐的細心編排以及相關讀者與學生的指教與建議，在此一併致謝。個人或許能力有限，如果讀者希望仍有添增、指正與討論之處，歡迎至讀者信箱src66666@gmail.com留言。

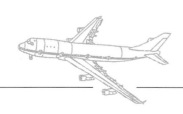

CONTENTS
目次

作者序 ……………………………………………………………… 003

第一章　航空器發展史與飛行原理介紹

第一節　熱氣球和飛艇 ………………………………………… 014

　　一、第一架熱氣球的問世 ………………………………… 014

　　二、飛艇的問世 …………………………………………… 015

第二節　世界上第一架飛機（活塞式飛機）的誕生 ………… 016

第三節　活塞式飛機限制和應用 ……………………………… 017

第四節　噴氣飛機的問世 ……………………………………… 018

第五節　突破音障 ……………………………………………… 019

第六節　越過熱障 ……………………………………………… 021

第二章　常用飛機的類型與特點

第一節　航空器的定義與分類 ………………………………… 023

　　一、航空器的定義 ………………………………………… 023

　　二、航空器的分類 ………………………………………… 023

第二節　輕於空氣的航空器 …………………………………… 024

第三節　重於空氣的航空器 …………………………………… 025

　　一、固定翼航空器 ………………………………………… 025

　　二、旋轉翼航空器 ………………………………………… 032

第三章　基本空氣動力學

第一節　氣流性質與理想氣體⋯⋯⋯⋯⋯⋯⋯⋯⋯⋯⋯035

　　一、壓力⋯⋯⋯⋯⋯⋯⋯⋯⋯⋯⋯⋯⋯⋯⋯⋯⋯035

　　二、密度⋯⋯⋯⋯⋯⋯⋯⋯⋯⋯⋯⋯⋯⋯⋯⋯⋯037

　　三、溫度⋯⋯⋯⋯⋯⋯⋯⋯⋯⋯⋯⋯⋯⋯⋯⋯⋯037

　　四、理想氣體⋯⋯⋯⋯⋯⋯⋯⋯⋯⋯⋯⋯⋯⋯⋯038

第二節　氣流特性⋯⋯⋯⋯⋯⋯⋯⋯⋯⋯⋯⋯⋯⋯⋯⋯039

　　一、穩定性⋯⋯⋯⋯⋯⋯⋯⋯⋯⋯⋯⋯⋯⋯⋯⋯039

　　二、壓縮性⋯⋯⋯⋯⋯⋯⋯⋯⋯⋯⋯⋯⋯⋯⋯⋯039

　　三、黏滯性⋯⋯⋯⋯⋯⋯⋯⋯⋯⋯⋯⋯⋯⋯⋯⋯039

第三節　柏努利定理⋯⋯⋯⋯⋯⋯⋯⋯⋯⋯⋯⋯⋯⋯⋯040

　　一、假設與定義⋯⋯⋯⋯⋯⋯⋯⋯⋯⋯⋯⋯⋯⋯040

　　二、靜壓、動壓及全壓之定義⋯⋯⋯⋯⋯⋯⋯⋯041

　　三、柏努利定理在航空界上的應用⋯⋯⋯⋯⋯⋯041

第四節　質量守恆定理⋯⋯⋯⋯⋯⋯⋯⋯⋯⋯⋯⋯⋯⋯042

　　一、假設與定義⋯⋯⋯⋯⋯⋯⋯⋯⋯⋯⋯⋯⋯⋯042

　　二、質量守恆定理在航空界上的應用⋯⋯⋯⋯⋯042

第五節　牛頓三大定律⋯⋯⋯⋯⋯⋯⋯⋯⋯⋯⋯⋯⋯⋯043

　　一、定義⋯⋯⋯⋯⋯⋯⋯⋯⋯⋯⋯⋯⋯⋯⋯⋯⋯043

　　二、牛頓三大定律在航空界上的應用⋯⋯⋯⋯⋯044

第四章　飛機的飛行環境

第一節　飛行環境的定義⋯⋯⋯⋯⋯⋯⋯⋯⋯⋯⋯⋯⋯047

第二節　對流層與同溫層的定義與特色⋯⋯⋯⋯⋯⋯⋯047

　　一、對流層與同溫層的溫度變化⋯⋯⋯⋯⋯⋯⋯047

　　二、對流層的定義與特色⋯⋯⋯⋯⋯⋯⋯⋯⋯⋯048

　　三、對流層的分布⋯⋯⋯⋯⋯⋯⋯⋯⋯⋯⋯⋯⋯049

　　四、同溫層（平流層下層）的定義與特色⋯⋯⋯050

第三節 飛行大氣變化‥‥‥‥‥‥‥‥‥‥‥‥‥‥‥‥‥‥051

　　一、標準大氣狀況‥‥‥‥‥‥‥‥‥‥‥‥‥‥‥051

　　二、連續性與不可壓縮性的考量‥‥‥‥‥‥‥‥052

　　三、飛機飛行環境的變化‥‥‥‥‥‥‥‥‥‥‥053

第四節 飛機的飛行速度‥‥‥‥‥‥‥‥‥‥‥‥‥‥054

　　一、音（聲）速的定義‥‥‥‥‥‥‥‥‥‥‥‥054

　　二、馬赫數的定義‥‥‥‥‥‥‥‥‥‥‥‥‥‥054

　　三、飛機飛行的速度區間‥‥‥‥‥‥‥‥‥‥‥054

第五章　飛機的外形結構

第一節 飛機的基本結構‥‥‥‥‥‥‥‥‥‥‥‥‥‥057

　　一、機翼‥‥‥‥‥‥‥‥‥‥‥‥‥‥‥‥‥‥‥057

　　二、機身‥‥‥‥‥‥‥‥‥‥‥‥‥‥‥‥‥‥‥057

　　三、尾翼‥‥‥‥‥‥‥‥‥‥‥‥‥‥‥‥‥‥‥058

　　四、起落架‥‥‥‥‥‥‥‥‥‥‥‥‥‥‥‥‥‥058

　　五、發動機‥‥‥‥‥‥‥‥‥‥‥‥‥‥‥‥‥‥058

第二節 飛機的外形設計‥‥‥‥‥‥‥‥‥‥‥‥‥‥059

　　一、用飛機機翼的外形來區分‥‥‥‥‥‥‥‥‥059

　　二、用飛機尾翼的外形來區分‥‥‥‥‥‥‥‥‥060

　　三、用飛機發動機的外形來區分‥‥‥‥‥‥‥‥062

第六章　飛機的機翼與幾何參數

第一節 飛機機翼的主要構造‥‥‥‥‥‥‥‥‥‥‥‥067

第二節 相對運動原理‥‥‥‥‥‥‥‥‥‥‥‥‥‥‥‥068

第三節 機翼的形狀‥‥‥‥‥‥‥‥‥‥‥‥‥‥‥‥‥070

　　一、機翼平面的幾何形狀‥‥‥‥‥‥‥‥‥‥‥070

　　二、機翼翼型（翼剖面）的幾何形狀‥‥‥‥‥‥072

第四節 機翼的攻角 ··074

　一、攻角的定義 ···074

　二、攻角的正負 ···074

第五節 俯仰角、航跡角與攻角的關係 ·················075

　一、俯仰角的定義 ···075

　二、航跡角的定義 ···076

　三、俯仰角、航跡角與攻角的關係 ···············076

　四、風座標與體座標的關係 ·······················077

第七章　機翼的升力與阻力

第一節 升力 ···080

　一、機翼升力的形成 ··080

　二、升力理論 ···082

　三、升力係數與攻角的關係 ·······················083

　四、失速速度的計算 ··083

　五、對稱機翼和不對稱機翼升力係數與攻角的關係 ········084

　六、不同展弦比的機翼升力係數與攻角之關係 ·············085

　七、襟翼 ···085

　八、高升力機翼 ···086

　九、增升裝置的種類 ··087

第二節 阻力 ···091

　一、次音速飛行所產生的阻力 ·······················091

　二、次音速飛行中寄生阻力及誘導阻力和速度之間的關係　099

　三、震波阻力 ···100

第八章　飛機的平衡、穩定與操縱

第一節 飛機的運動 ···102

第二節 飛機的平衡 ···103

　　　　一、縱向平衡 ··· 103

　　　　二、橫向平衡 ··· 103

　　　　三、航向平衡 ··· 104

　　第三節　飛機的穩定性 ··· 105

　　　　一、穩定性的定義 ·· 105

　　　　二、靜態穩定 ·· 105

　　　　三、動態穩定 ·· 106

　　　　四、保持靜態穩定的方法 ··· 107

　　第四節　飛機的操縱性 ··· 115

　　　　一、飛機的操縱性與穩定性的關係 ································· 115

　　　　二、飛機的控制面 ·· 115

　　　　三、飛機在飛行狀態的操縱 ·· 117

　　　　四、飛機操縱的制動原理 ··· 118

第九章　飛機飛行的主要項目與儀表

　　第一節　飛機飛行的主要項目 ·· 122

　　　　一、飛機的起飛過程 ··· 122

　　　　二、飛機的巡航過程 ··· 126

　　　　三、飛機的盤旋運動 ··· 128

　　　　四、飛機的著陸過程 ··· 129

　　第二節　飛行儀表 ··· 130

　　　　一、空速表 ··· 130

　　　　二、氣壓高度表 ··· 132

　　　　三、升降速率表 ··· 134

　　　　四、全姿態指示器 ·· 135

　　　　五、大氣資料系統 ·· 136

第三節　飛行器自動控制‧‧‧‧‧‧‧‧‧‧‧‧‧‧‧‧‧‧‧‧‧‧‧‧‧‧‧‧‧‧‧‧‧‧‧‧‧‧137

　　一、自動駕駛儀‧‧‧‧‧‧‧‧‧‧‧‧‧‧‧‧‧‧‧‧‧‧‧‧‧‧‧‧‧‧‧‧‧‧‧‧‧‧137

　　二、自動著陸控制‧‧‧‧‧‧‧‧‧‧‧‧‧‧‧‧‧‧‧‧‧‧‧‧‧‧‧‧‧‧‧‧‧‧138

第十章　飛行力學與飛機性能

第一節　基本飛行力學‧‧‧‧‧‧‧‧‧‧‧‧‧‧‧‧‧‧‧‧‧‧‧‧‧‧‧‧‧‧‧‧‧142

　　一、牛頓三大運動定律‧‧‧‧‧‧‧‧‧‧‧‧‧‧‧‧‧‧‧‧‧‧‧‧‧‧‧‧142

　　二、質點系統的運動方程式‧‧‧‧‧‧‧‧‧‧‧‧‧‧‧‧‧‧‧‧‧‧143

　　三、運動方程式‧‧‧‧‧‧‧‧‧‧‧‧‧‧‧‧‧‧‧‧‧‧‧‧‧‧‧‧‧‧‧‧‧‧144

　　四、在航空界上的應用‧‧‧‧‧‧‧‧‧‧‧‧‧‧‧‧‧‧‧‧‧‧‧‧‧‧‧‧144

第二節　飛機基本性能‧‧‧‧‧‧‧‧‧‧‧‧‧‧‧‧‧‧‧‧‧‧‧‧‧‧‧‧‧‧‧‧‧147

　　一、速度性能‧‧‧‧‧‧‧‧‧‧‧‧‧‧‧‧‧‧‧‧‧‧‧‧‧‧‧‧‧‧‧‧‧‧‧‧147

　　二、高度性能‧‧‧‧‧‧‧‧‧‧‧‧‧‧‧‧‧‧‧‧‧‧‧‧‧‧‧‧‧‧‧‧‧‧‧‧148

　　三、飛行距離‧‧‧‧‧‧‧‧‧‧‧‧‧‧‧‧‧‧‧‧‧‧‧‧‧‧‧‧‧‧‧‧‧‧‧‧149

　　四、飛行包線‧‧‧‧‧‧‧‧‧‧‧‧‧‧‧‧‧‧‧‧‧‧‧‧‧‧‧‧‧‧‧‧‧‧‧‧150

　　五、超音速飛行所引起的音爆現象‧‧‧‧‧‧‧‧‧‧‧‧‧‧‧151

第十一章　機場管制與飛航安全

第一節　機場管制‧‧‧‧‧‧‧‧‧‧‧‧‧‧‧‧‧‧‧‧‧‧‧‧‧‧‧‧‧‧‧‧‧‧‧‧‧153

　　一、機場的設置與功用‧‧‧‧‧‧‧‧‧‧‧‧‧‧‧‧‧‧‧‧‧‧‧‧‧‧‧‧153

　　二、飛機起降必要設施‧‧‧‧‧‧‧‧‧‧‧‧‧‧‧‧‧‧‧‧‧‧‧‧‧‧‧‧155

　　三、機場管制任務‧‧‧‧‧‧‧‧‧‧‧‧‧‧‧‧‧‧‧‧‧‧‧‧‧‧‧‧‧‧‧‧159

　　四、機場起降模式（五邊進場）‧‧‧‧‧‧‧‧‧‧‧‧‧‧‧‧‧160

　　五、靜電防護‧‧‧‧‧‧‧‧‧‧‧‧‧‧‧‧‧‧‧‧‧‧‧‧‧‧‧‧‧‧‧‧‧‧‧‧161

　　六、外物損傷（F.O.D）防護‧‧‧‧‧‧‧‧‧‧‧‧‧‧‧‧‧‧‧162

第二節　飛航安全‧‧‧‧‧‧‧‧‧‧‧‧‧‧‧‧‧‧‧‧‧‧‧‧‧‧‧‧‧‧‧‧‧‧‧‧‧163

參考文獻‧‧173

第一章

航空器發展史與飛行原理介紹

在飛機發明之前，人們早就夢想像鳥類一樣在空中飛行，例如：希臘神話中的伊卡洛斯使用臘把羽毛封牢，使他能像鳥一樣在空中遨遊，以及封神演義中的雷震子，肋生雙翅，能在空中飛來飛去，這些都表明了人類夢想飛行的強烈渴望。

　　隨著科技的日新月異，航空器的出現開始實現在空中飛行的夢想，所謂航空器是指在大氣層內飛行的器械（飛行器），任何航空器都必須產生一個大於自身重量的向上力，才能升入空中。根據產生向上力的基本原理的不同，航空器可區分為兩大類：輕於空氣的航空器和重於空氣的航空器。

　　輕於空氣的航空器的主體是一個氣囊，其中充以密度較空氣小得多的氣體（氮或氦），利用大氣的浮力使航空器升空，我們又稱為浮空器，例如熱氣球和飛艇。重於空氣的航空器的升力是由其自身與空氣相對運動產生的，例如飛機。在本章，我們將根據航空器發展依序介紹，讓讀者對航空器的發展史有初步的認知。

一、第一架熱氣球的問世

　　第十八世紀中期，工業革命後的科技發展，使得質輕而結實的紡紗品，成為可製造氣球的優質材料。一七八三年六月四日。法國的蒙哥爾費兄弟用麻布製成的熱氣球成功地完成了升空表演。他們在氣球開口處燃燒著濕草和羊毛，讓它發煙，並使燃煙充滿氣球，使球內的空氣受熱，由於氣球內的熱空氣密度小於氣球外冷空氣的密度，因此會受到大氣浮力的作用，而達到氣球升空的目的，其構造與原理如圖一所示。

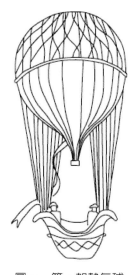

圖一　第一架熱氣球

　　後來人們製造出氫氣氣球，取得了最早的熱氣球升空效果。但是由於氫氣易燃易爆，所以後來被氮氣或氦氣等惰性氣體所取代。不論是熱氣球還是充入氮或氦的氣球，它們的工作原理都是在球體內充入輕於空氣的氣體來產生浮力，藉以帶著重物升空。熱氣球只有不斷地對其加熱，才能保持它的浮升力。否到會因浮力不足而下墜。充氣氣球則不用這樣麻煩，所以充氣氣球比熱氣球飛行起來更加穩定。

在飛機尚未被製造出來之前，氣球被廣泛用於氣象、探險以及通信等方便，即便是在飛機發展如日中天的今天，氣球飛行，例如氣象氣球、錄像氣球、偵察氣球以及廣告氣球也隨處可見。

二、飛艇的問世

氣球和飛艇都是輕於空氣的航空器，二者的主要區別是前者沒有動力裝置，升空後只能隨風飄動，或者被置留在某一固定位置上，不能進行控制，使用很不方便。後者裝有發動機、空氣螺旋槳、安定面以及操縱面，可以控制飛行方向和路線。

一八五二年，法國人亨利‧吉法爾在氣球上安裝了一台功率約為2237瓦的蒸汽機，用以驅動一個三葉螺旋槳，使其成為第一個可以操縱的氣球，這就是最早的飛艇。其構造如圖二所示。同年九月二十四日，他駕駛這艘飛艇從巴黎飛到特拉普斯，航程28公里，完成飛艇歷史上的首次載人飛行。

圖二　第一架飛艇

飛艇具有其他飛行器和飛機所無法比擬的優點：載重量大、可以在空中懸停、不需駕駛員、不要機場、耗油量小以及對生態無危害等優點，同時它作為運輸工具的成本大約只有飛機的1/3與直升機的1/20。所以，近年來美國、英國、德國、日本等國又開始了對飛艇的研究，並取得了快速發展，目前可用於太空探險、偵察、空中運輸、旅遊、廣告等領域上的使用。

第二節　世界上第一架飛機（活塞式飛機）的誕生

　　氣球和飛艇的成功，為人類創造飛機積累了豐富經驗。人們逐漸意識到，要使飛機能夠成功飛行，必須解決它的升力、動力和穩定操縱問題。

　　十九世紀初，美國人萊特兄弟採取先利用滑翔機獲得飛機穩定操縱的知識，再安裝活塞式發動機去實現飛機的動力飛行。他們進行了上千次風洞試驗，通過大量的測驗與實踐，他們發現了增加升力的原理以及飛機橫側穩定的方法，從而基本解決了飛機的操縱穩定問題，奠定了飛機飛行原理的理論基礎。雖然萊特兄弟不是進行航空器飛行試驗的第一人，但他們首創了讓固定翼飛機能受控飛行的飛行控制系統，從而為飛機的實用化奠定了基礎，因此我們將飛機的發明歸功於萊特兄弟。

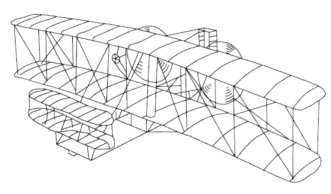

圖三　第一架飛機（活塞式飛機）

航　空　小　常　識

　　馮如先生是我國第一位飛機設計師、製造家、飛行家，也是我國第一位飛行隊長、第一個得美國航空學會頒發的甲等飛行員證書的中國人，他在一九〇九年九月二十一日在奧克蘭市的郊區，以2640英尺的航程超過萊特兄弟首次試飛852英尺的成績。美國報紙贊譽馮如為「東方的萊特」，更被中國航空業者尊為「中國航空之父」。

第三節 活塞式飛機限制和應用

　　當活塞式飛機的速度增至約至0.5～0.6馬赫（音速）時，再增加發動機功率是非常困難的，而且也是很難實現的。第一，增加功率就要增加發動機氣缸的容積和數量，但這卻會導致發動機本身的重力和體積成倍增長，從而不僅會使飛機阻力猛增，而且因為發動機重力過重而使飛機內部結構無法安排。其次，活塞式發動機是靠螺旋槳產生拉力的，當飛行速度和螺旋槳轉速進一步提高時，槳葉尖端將會產生震波，使螺旋槳效率大大降低，這也限制飛機速度的提高。因此活塞式發動機發展到第二次世界大戰末期，已經達到了它的頂峰，要繼續提高飛機速度必須選擇新的動力裝置。

　　由於活塞式發動機功率的限制和螺旋槳在高速飛行時效率下降，只適用於低速飛行，大多應用於輕型飛機和超輕型飛機等方面。然而因為螺旋槳在低空低速飛行時效率高，活塞式發動機的經濟性很好，因此目前有許多小型低速飛機仍然使用它。

第四節　噴氣飛機的問世

　　當活塞式發動機的飛行速度受到限制後。各國都在探討新的動力裝置。根據「牛頓第三運動定律（作用力與反作用力）」的原理，開始研製噴氣式發動機。如圖四所示，活塞式飛機與噴氣式飛機在驅動方面有很大不同，活塞式飛機是靠燃氣在汽缸中燃燒，藉以驅動螺旋槳加速氣體向後來產生向前的驅動力（拉力），而噴氣式飛機是靠燃氣在燃燒室燃燒產生高溫高壓的氣體向後噴出來產生向後的推動力（推力）。由於噴氣式發動機的使用，我們解決了活塞式飛機推力不足的問題。

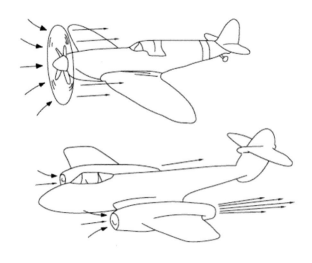

圖四　活塞式飛機與噴氣式飛機的區別

　　渦輪發動機是現代高性能飛機應用最廣的發動機，它們主要分成渦輪螺旋槳發動機、渦輪風扇發動機以及渦輪噴射發動機三大類。渦輪螺旋槳發動機主要用於飛行速度小於0.6～0.7馬赫（音速）的飛機，速度更高的飛機則用渦輪風扇發動機，至於渦輪噴射發動機則主要用於超音速飛機。

圖解式飛航原理簡易入門小百科

018

第五節 突破音障

　　當第一批噴氣飛機出現後，飛行速度的速度很快增至0.7～0.8馬赫（音速）以上，但是隨著飛機的飛行速度繼續增長時，我們又遇到另一個問題，當飛機速度接近音速時，飛機受到了震波的影響，速度無法增長，飛機強烈振動，甚至出現過機毀人亡的事故，成為當時一個不可逾越的障礙，我們稱之為「音障」。雖然可增大飛機發動機的推力，但是倘若飛機的氣動外形不改變，飛機仍然難以突破音障。

　　現代噴氣式飛機應用最廣避免音障的方法有二：

（一）採用後掠機翼，提高飛機產生音障的臨界飛行速度（臨界馬赫數），讓飛機以較高且不受音障的影響飛行。例如波音747（如圖五所示），它以巡航速度約0.85馬赫（音速）在大氣層飛行，但是卻不受到音障的影響。

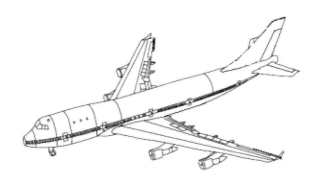

圖五　波音747的氣動外形

（二）採用三角翼機翼以及細長流線型的細腰機身，快速地通過穿音速流
區域，避免音障的影響，其飛機的氣動外形如圖六所示。

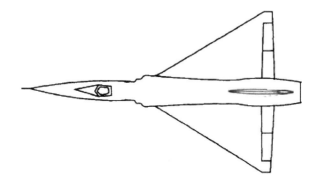

圖六　超音速飛機的氣動外形

第六節 越過熱障

在噴氣式飛機突破音障後終於實現了超音速飛行，但舊的問題解決了，新的問題又產生了。在飛機做超聲速飛行時，飛機表面的空氣受到強烈的摩擦和壓縮，溫度急劇上升。一旦溫度超過機體表面材料所能忍受的極限，飛機的外表結構將會破壞，我們稱這種的危險障礙為「熱障」。飛機表面常用的材料為鋁合金，其耐熱溫度的極限是250℃，但是當飛行速度超過音速時，鋁合金所做的飛機蒙皮可能就會破壞，這就是熱障。

目前由於鈦合金的工作溫度可達400℃～550℃，而且具有良好的耐腐蝕性，所以在飛機上已經普遍採用。然而由於鈦合金的加工成型困難，價格比較昂貴。但是就像飛機發展一樣，相信鈦合金在飛機的應用會有更廣闊的發展。同時，隨著飛機速度越來越快，太空（航天）飛機的問世，新的防熱材料也將不斷出現。

第二章

常用飛機的類型與特點

第一節 航空器的定義與分類

一、航空器的定義

　　所謂航空器是指在大氣層內飛行的器械（飛行器），任何航空器都必須產生一個大於自身重量的向上力，才能升入空中。根據產生向上力的基本原理的不同，航空器可區分為兩大類：輕於空氣的航空器和重於空氣的航空器。

二、航空器的分類

　　一般而言，航空器可做進一步的細分，細部區分如圖七所示。

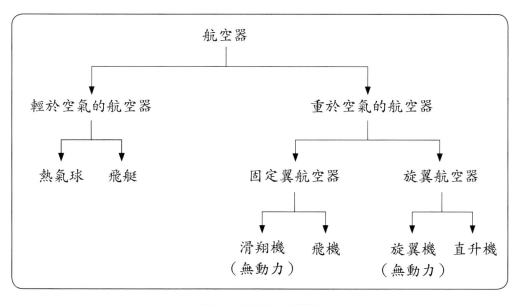

圖七　航空器的分類圖

第二章　常用飛機的類型與特點

第二節 輕於空氣的航空器

　　輕於空氣的航空器的主體是一個氣囊，其中充以密度較空氣小得多的氣體（氦氣或氫氣），利用大氣的浮力使航空器升空，我們又稱為浮空器，例如熱氣球和飛艇。二者的主要區別是熱氣球沒有動力裝置，升空後只能隨風飄動，或者被置留在某一固定位置上，不能進行控制，使用很不方便。飛艇裝有發動機、空氣螺旋槳、安定面以及操縱面，可以控制飛行方向和路線。其功能示意圖如八所示。

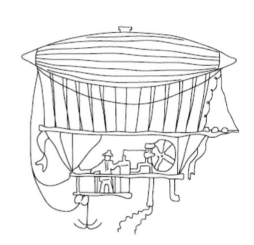

圖八　熱氣球和飛艇的功能示意圖

航空小常識

　　因為熱氣球的載重＝熱氣球的浮力－熱氣球內部氣體的重量＝熱氣球外部空氣的重量－熱氣球內部氣體的重量。所以我們計算熱氣球（或飛艇）的載重公式為：載重 $= \rho_{air,外} Vg - \rho_{air,內} Vg$

第三節 重於空氣的航空器

重於空氣的航空器的升力是由其自身與空氣相對運動產生的,航空器常見的有固定翼與旋轉翼二種,我們依序說明如下:

一、固定翼航空器

固定翼航空器大致可分為為滑翔機與飛機二大類,分別敘述如下:

(一)滑翔機

滑翔機的外觀示意圖如圖九所示,滑翔機是指不依靠動力裝置飛行的重於空氣的固定翼航空器,起飛後僅依靠空氣作用於其升力面上的反作用力進行自由飛行。一般來說滑翔機沒有動力裝置,但動力滑翔機則配備有小型輔助發動機用於自行起飛。但是發動機功用是要在滑翔飛行前用來獲得初始高度。

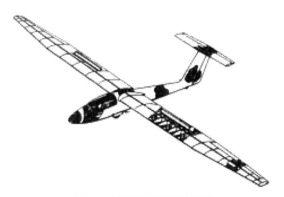

圖九　滑翔機的外觀示意圖

滑翔機主要依靠上升氣流進行持續飛行,否則就必須靠犧牲高度來維持飛行。在無風情況下,滑翔機在下滑飛行過程中依靠自身重力的分量獲得前進動力,這種損失高度的無動力下滑飛行稱為滑翔。在有上升氣流時,滑翔機可以藉此實現平飛或升高,我們稱這種飛行方式稱為翱翔。滑翔和翱翔是滑翔機的兩種基本飛行方式。

（二）飛機

由動力裝置產生前進推力，由固定機翼產生升力，在大氣層中飛行的重於空氣的航空器稱為飛機。無動力裝置的滑翔機、以旋翼作為主要升力來源的直升機以及在大氣層外飛行的航太飛機都不屬於飛機的範圍。

飛機按用途可分為民用飛機和軍用飛機兩大類。民用飛機則泛指一切非軍事用途的飛機，軍用飛機是按各種軍事用途設計的飛機，在此，我們就常見的飛機做一簡單的介紹。

1.旅客機

民用飛機則泛指一切非軍事用途的飛機，包括旅客機、貨機、公務機、農業機、體育運動機、救護機、試驗研究機等。其中旅客機、貨機和客貨兩用飛機又統稱為民用運輸機。現代運輸機具有快速、舒適、安全可靠的優點，並且不受複雜地形的影響，能在兩地之間完成最短距離的航行。

旅客機簡稱客機，又稱民航機，目前使用的民航機都採用後掠機翼，例如波音747（如圖十所示），它以巡航速度約0.85馬赫（音速）在大氣層飛行，但是不受到音障的影響，使旅客享受舒適、快速及安全的航程。

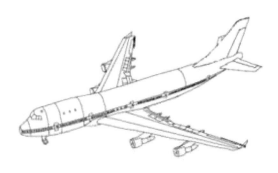

圖十　波音747的氣動外形

二十世紀，英法二國首次採用三角翼機翼以及細長流線型的細腰機身發展超音速客機（協和號客機，外觀圖如圖十一所示），但因耗油率過高、航程不足（無法跨越太平洋，只能勉強飛越大西洋），且所生的噪音超過管制標準，所以被30個國家限制使用，所以被迫停產。

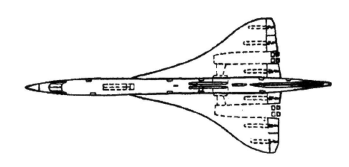

圖十一　協和號客機的外觀示意圖

2.戰鬥機

戰鬥機的主要任務是與敵方殲擊機進行空戰，奪取空中優勢（制空權），第二次世界大戰後噴氣式戰鬥機取替了活塞式殲擊機。至今噴氣式戰鬥機已經歷了四次更新換代。

第一代戰鬥均為次音速戰機主要靠機炮進行尾後攻擊，第二代戰機強調飛機的高空高速性能，主要依靠機炮和紅外格鬥導彈來實施攻擊。第三代戰機是二十世紀六〇年代末發展的高機動性戰機。經過實戰表明，當時空戰仍以近距格鬥為主，作戰大都在中空、次音速範圍內做大機動飛行，以便達到有利戰位。因為大飛行速度和高飛行高度在近距格鬥中不能發揮作用，因此，高機動性則是空戰制勝的關鍵。這代飛機以中程半主動導彈和格鬥導彈為主要作戰武器，以低空突防為主，以便避開地面防空雷達及導彈攻擊。海灣戰爭中主要採用第三代戰機作戰（F-15，外觀圖如圖十二所示）。

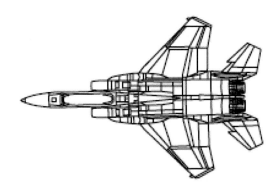

圖十二　F-15戰機的外觀示意圖

第四代殲擊機是正在發展中的新一代殲擊機，其典型代表是美國的F-22空中優勢戰鬥機（外觀圖如圖十三所示），F-22的最大飛行高度與F-15相當，而最大飛行速度（Ma=2）反而比F-15低些。但F-22主要訴求的是超音速巡航能力、隱身能力、過失速機動、推力向量化、多目標跟蹤和攻擊能力等方面。

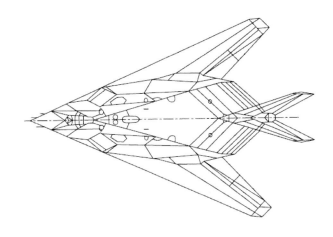

圖十三　F-22戰機的外觀示意圖

　　隱身戰機的原理是將機翼與機身用特殊的多面體連接並融合成一體，這樣可將雷達波反射至天空。並且在飛機表面上塗上多種不同的雷達波吸收材料，可以使入射的雷達波被吸收，或反（散）射的雷達波被衰減。這樣的設計可以避免戰機被雷達偵測到，我們稱之為隱身要求設計。

3.轟炸機

　　轟炸機是指從空中攜帶武器攻擊地面、水面或者是水下目標的軍用飛機。以體型重量來區分,有重型轟炸機、中型轟炸機與輕型轟炸機。這三種轟炸機的區分並沒有一定的標準,大致上,輕型轟炸機是單發動機為主,中型轟炸機是兩到三具發動機,重型轟炸機則是四具以上發動機的大型機體設計,圖十四為轟炸機的外觀示意圖。

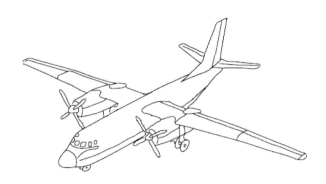

圖十四　轟炸機的外觀示意圖

4.預警指揮機

　　預警指揮機是用於搜索和監視空中或海上目標的活動，並能引導和指揮己方軍用飛機對其進行攻擊的飛機。從圖十五為美國的E-3A的外觀示意圖，它是在波音707-320B旅客機的基礎上改制而成的。該機的最大特徵就是在機背上馱著一個「大圓盤（遠距離大型搜索雷達旋轉天線罩）」，艙內裝有大脈衝多普勒雷達、敵我識別器、電腦、慣導系統和導航設備等電子設備，不僅可以偵測敵軍目標，更可以同時可引導一百架飛機對來襲目標進行攔截。

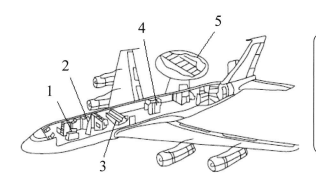

1.通信裝置
2.計算機
3.控制台
4.雷達接收機與信號處理器
5.雷達天線

圖十五　美國的E-3A預警指揮機的外觀示意圖

二、旋轉翼航空器

旋轉翼航空器大致可分為為旋翼機與直升機二大類，分別敘述如下：

（一）旋翼機

旋翼機是旋翼航空器的一種，介於飛機和直升機之間。旋翼機大多是以尾槳提供動力前進，用尾舵控制方向。它的旋翼沒有動力裝置驅動，僅依靠前進時的相對氣流吹動旋翼自轉以產生升力。

旋翼機不能垂直上升和懸停，必須像飛機一樣滑跑加速才能起飛。旋翼機的結構相對簡單，安全性亦較好，一般用於旅遊或體育活動。圖十六為旋翼機的外觀示意圖。

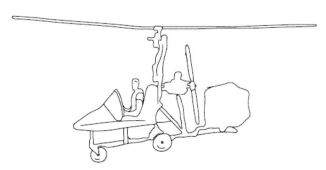

圖十六　旋翼機的外觀示意圖

（二）直升機

直升機是依靠發動機驅動旋翼旋轉產生升力而能垂直起落的航空器。圖十七為直升機的外觀示意圖。

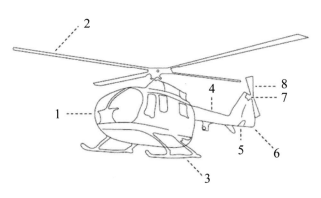

1.機身
2.旋翼
3.滑橇
4.尾樑
5.水平尾面
6.垂直尾面
7.協槳
8.尾槳

圖十七　直升機的外觀示意圖

直升機既能垂直上升下降、空中懸停，又能向任一方向飛行，而且可以在沒有跑道及狹小的場地上起落（升降）。除此之外，當發動機在空中失效時.直升機還可利用旋翼自轉下滑，安全著陸。但與固定翼飛機相比，直升機具有載重量小、航程短、飛行速度慢、噪音和震動大的缺點。目前民用直升機主要用於救護、個人交通、森林防火、空中照相以及地質勘探等方面，軍用直升機則用來攻擊地面目標（例如阿帕契武裝直升機）以及攻擊海下目標（例如反潛直升機）。

第三章

基本空氣動力學

要瞭解飛機飛行的原理與以及飛行氣動力的問題，首先我們必須瞭解氣流性質、氣流特性以及一些簡易的力學公式。也就是想要初窺飛機飛行的奧祕，必須對一些簡單的空氣動力學有所認知。因此，在本章將介紹對一些基本空氣動力學的理論加以介紹。

第一節　氣流性質與理想氣體

　　在飛行力學中，我們常研究的氣流性質主要是氣流的壓力、密度以及溫度，我們將在此一一加以說明。

一、壓力

（一）定義

　　如圖十八所示，流體所承受的壓力是單位面積上的所受到的正向力（垂直力）。也就是 $P = \lim_{\Delta A \to 0} \dfrac{\Delta F_N}{\Delta A}$ 。

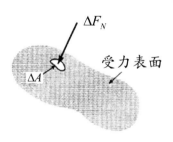

圖十八　壓力的定義示意圖

　　在地表上的大氣壓力約為是 $1.013 \times 10^5 P_a = 101325 \dfrac{N}{m^2}$，但是大氣靜壓力的值會隨著高度的上升而變小，這是因為隨著高度的上升，空氣會越來越稀薄的緣故。

（二）壓力的種類

　　如圖十九所示，我們常用的壓力可分為絕對壓力與相對壓力二種，所謂絕對壓力是以壓力絕對零值（絕對真空）為基準所量測出的壓力。而相對壓力是以當地的大氣壓力為基準所量量測出的壓力，我們又稱之為錶壓。

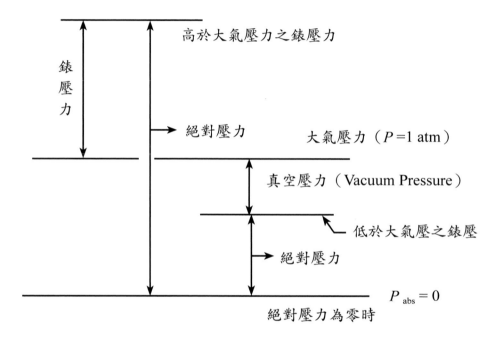

圖十九　絕對壓力與相對壓力（錶壓）之間關係示意圖

　　從圖十九可知，絕對壓力與相對壓力（錶壓）之間的轉換關係為 $P_{絕對壓力} = P_{大氣壓力} + P_{相對壓力（錶壓）}$。

二、密度

　　大氣的密度是單位體積內所包含空氣的質量。其公式定義如下：$\rho = \lim_{\Delta V \to 0} \dfrac{\Delta m}{\Delta V}$；對於空間各點密度相同的氣體而言，$\rho = \dfrac{m}{V}$。對於密度的倒數，我們稱之為比容，也就是 $v = \dfrac{1}{\rho} = \dfrac{V}{m}$。在地表上的大氣密度約為是 $1.225 kg / m^3$，但是大氣密度的值會隨著高度的上升而變小，這是因為隨著高度的上升，空氣會越來越稀薄的緣故。

三、溫度

　　大氣的溫度是空氣的冷熱程度，通常我們用溫度的度數來表示，常用的溫度度數有攝氏（^0C）、華氏溫度（^0F）、凱氏溫度（K）以及朗氏溫度（^0R）。其中前二種為相對溫度，後二種為絕對溫度，四種溫度的轉換關係（轉換公式）為

　　$^0F = \dfrac{9}{5}\,^0C + 32$；K$= \,^0C + 273.15$；$^0R = \,^0F + 459.67$。

　　大氣的壓力和密度會受到溫度的改變而影響，我們將在其後說明。

四、理想氣體

氣體的壓力（P）、密度（ρ）與溫度（T）是說明氣體狀態的主要參數，三者之間不是彼此獨立的，而是互相關聯的。在研究飛機飛行的時候，我們常用理想氣體方程式來計算空氣壓力、溫度與密度變化的關係，說明如下：

（一）假設與定義

所謂理想氣體是假設氣體在高溫、低壓以及分子量非常小的情況下，氣體的壓力（P）、密度（ρ）與溫度（T）的關係可以用 $P = \rho RT$ 來表示。但是在使用時必須注意，公式中的壓力（P）與溫度（T）均為絕對壓力與絕對溫度。

計算公式

1. $Pv = RT$。
2. $P = \rho RT$。
3. $PV = mRT$。

在此P、T、V、v、ρ分別表示氣體的壓力、溫度、體積、比容與密度，R為氣體常數，空氣的氣體常數 $R = 287 \, m^2 \big/ \sec^2 K$。

（二）不適用條件

在低速飛行時，空氣的性質與理想氣體相差不大，我們可以用理想氣體方程式來計算空氣壓力、溫度與密度變化的關係，大約在航速大於5倍音速左右時，才有必要考慮使用真實氣體的狀態方程式。

所謂氣流特性是指空氣在流動中各點的流速、壓力和密度等參數的變化規律。要研究飛機飛行的氣動力的問題空氣動力，首先必須要瞭解氣流的特性。我們在此將一一加以說明。

一、穩定性

穩定氣流是指空氣在流動時，空間各點上的參數（壓力、密度以及溫度）不隨時間而變，如果空氣流動時，空間各點上的參數會隨時間而改變，這樣的氣流稱為不穩定氣流。如圖二十所示，在穩定氣流中，空氣流動的路線叫做流線，在流線的每一點的切線方向，為流體分子的速度方向。

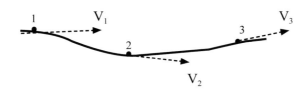

圖二十　流線與流速示意圖

二、壓縮性

所謂壓縮性是氣流密度變化的程度，在極低速（氣流的流速小於 0.3 音速時），我們可以將假設流體流場的密度變化忽略不計，也就是 $\rho \equiv cons\tan t$ ，這也就是我們耳熟能詳的「不可壓縮流場」的假設。

三、黏滯性

流體在流經物體表面（例如飛機表面）時，會產生一阻滯物體運動的力量，我們稱之為流體的黏滯性。空氣的黏滯性對飛機的運動關係就好像固體在地面運動時，摩擦力與物體運動的關係。空氣的黏滯性主要是由分子間的運動力所造成的，它會隨溫度的變化而受影響。當溫度越高時，空氣的黏滯性越大，反之就越小。

　　我們在日常生活中可以觀察到空氣流速發生變化時，空氣壓力也相應的發生變化的例子。例如：向兩張紙片中間吹氣，兩紙不是彼此分開，而是互相靠近。這說明兩紙中間的空氣壓力小於紙片外的大氣壓力，於是兩紙在壓力差的作用下靠近。又如河中並排行駛的兩條船，會互相靠攏。這是因為河水流經兩船中間因水道變窄會加快流速而降低壓力，於是兩船會在壓力低的地方靠攏。從上述現象可以看出流速與壓力之間的關係，簡單地說就是：氣體的流速快的地方壓力小；氣體的流速慢的地方壓力大，這就是柏努利定理的基本內容。

　　我們在求解飛機飛行問題時，經常使用柏努利方程式去計算空氣壓力與速度變化的關係，它是研究在飛機上產生空氣動力以及氣流特性的主要基本定理之一，說明如下：

一、假設與定義

　　柏努利定理是假設氣流在穩態、不可壓縮、無摩擦以及沿著同一流線的情況下，也就是在氣流的流速非常小，我們不考慮氣流流動所造成的壓縮性以及能量損耗的情況下，空氣氣流壓力與速度變化會滿足 $P_1 + \frac{1}{2}\rho V_1^2 = P_2 + \frac{1}{2}\rho V_2^2 = cons\tan t$ 的關係式。

二、靜壓、動壓及全壓之定義

（一）靜壓

根據柏努力方程式 $P + \frac{1}{2}\rho V^2 = P_t$，在此「P」我們稱之為靜壓，是指當時的大氣壓力。

（二）動壓

根據柏努力方程式 $P + \frac{1}{2}\rho V^2 = P_t$，在此「$\frac{1}{2}\rho V^2$」我們稱之為動壓，是指飛機飛行速度所產生的的壓力。

（三）全壓

根據柏努力方程式 $P + \frac{1}{2}\rho V^2 = P_t$，在此「$P_t$」我們稱之為全壓，是指靜壓與動壓的總和。

三、柏努利定理在航空界上的應用

柏努利定理在航空界經常用來解釋飛機升力的形成與飛機控制面的制動原理。在此，我們先解釋飛機升力產生的原因，至於飛機控制面的制動原理將在後面章節再做解釋。如圖二十一所示，空氣流過機翼表面時被一分為二，經過機翼上表面的空氣流速較快，因此壓力較低，而經過下表面空氣流速較慢，壓力較高（柏努力定律）。因為機翼下表面的壓力會比機翼上表面的壓力大，所以會對機翼產生一個向上的力，因此產生升力。

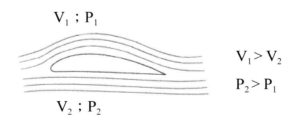

$V_1 ; P_1$

$V_1 > V_2$

$P_2 > P_1$

$V_2 ; P_2$

圖二十一　柏努利定理解釋升力產生的示意圖

第四節 質量守恆定理

　　空氣動力學是力學的一支，所以其理論必須依據力學理論，例如：質量守恆定理以及牛頓三大定律。在此，我們先介紹質量守恆定理，說明如下：

一、假設與定義

　　如圖二十二所示，當流體連續而穩定的流進管路中，在同一時間流進管路的質量會等於流出管路的質量。

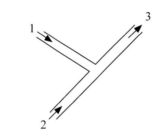

圖二十二　質量守恆定理的示意圖

　　也就是 $\dot{m_1} + \dot{m_2} = \dot{m_3}$，在此 $\dot{m} \equiv \rho A V$，它是每單位時間流經管路的質量。

二、質量守恆定理在航空界上的應用

　　如圖二十三所示，在熱力工程與航空工程，我們常會看到流體連續而穩定的流過一個粗細不等的流管，在管道粗的地方流速比較慢，在管道細的地方流速比較快，這就是質量守恆定律，在單位時間內，通過截面1和截面2的流體的質量流量必須相等（也就是 $\dot{m_1} = \rho_1 A_1 V_1 = \dot{m_2} = \rho_2 A_2 V_2$）的緣故。

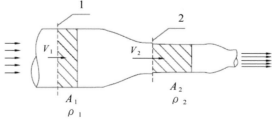

圖二十三　質量守恆定理在管路的應用

就如前面章節所提及的,空氣動力學是力學的一支,如果我們要研究飛機飛行的平衡、飛行速度以及飛機加速度的問題就一定要對牛頓三大定律有所認知,在此說明如下:

一、定義

(一)牛頓第一運動定律

牛頓第一運動定律又叫做慣性定律,它是說:如果一個物體所受到外力為0時,則物體的加速度為0,也就是靜者恆靜,動者恆做等速直線運動。

(二)牛頓第二運動定律

牛頓第二運動定律又叫做作用力與加速度定律,它是說:如果一個物體受到不平衡的作用力,則此物體會產生一個方向與作用力相同,而且大小與作用力成正比的加速度,也就是:$\vec{F} = m\vec{a}$。牛頓第二運動定律建立了質點的加速運動與其作用力之間的關係,當物體所受到的合力為零時,牛頓第二定律即導致其第一定律的結果;也就是物體沒有加速度的產生,因此物體的速度保持常數。

(三)牛頓第三運動定律

牛頓第三運動定律又叫做作用力與反作用力定律,它是說:兩質點間的作用力和反作用力,大小相等、方向相反且作用在同一直線上。

二、牛頓三大定律在航空界上的應用

（一）牛頓第一運動定律在航空界上的應用

　　如圖二十四所示，飛機在巡航時，受到升力、重力、阻力以及推力四種力量，因為升力等於重力，阻力等於推力，所以飛機所受到外力的合力為0。根據牛頓第一運動定律，所以飛機不會產生加速度，因此飛機會保持等速度飛行（巡航飛行）。

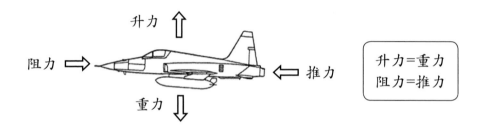

加速度=0；等速度飛行

圖二十四　飛機巡航時的受力示意圖

（二）牛頓第二運動定律在航空界上的應用

　　如圖二十五所示，飛機在滑行時，受到的推力大於阻力，因此飛機會產生一個向前的不平衡作用力，因為牛頓第二運動定律，所以飛機向前加速滑行。

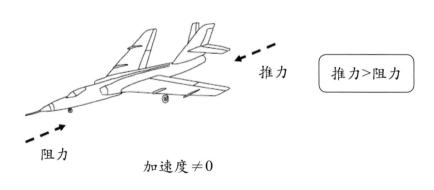

加速度≠0

圖二十五　飛機加速滑行時的受力示意圖

（三）牛頓第三運動定律在航空界上的應用

　　如圖二十六所示，由於飛機的發動機產生一個向後的氣流作用於空氣上，根據牛頓第三運動定律，所以空氣會產生一個大小相等、方向相反、且作用在同一直線上的向前推力，推動飛機前進，這也就是飛機推力的由來。

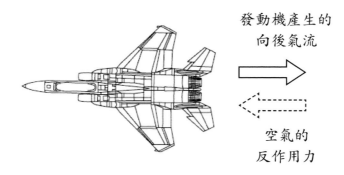

發動機產生的
向後氣流

空氣的
反作用力

圖二十六　飛機推力的由來

第四章

飛機的飛行環境

第一節　飛行環境的定義

　　飛行器在大氣層內飛行時所處的環境條件，我們稱之為大氣飛行環境。飛機活動的範圍主要是在離地面約25公里以下的大氣層內，也就是在對流層和同溫層之間，這一特點決定了飛機的設計內容、技術和研究的方向。

　　由於惡劣的天氣條件會危及飛行安全，大氣的特性（溫度、壓力、密度、風向、風速等）對飛機的飛行性能和飛行航道也會產生不同程度的影響。因此我們在這章對飛機的飛行環境做簡單的敘述和探討。

第二節　對流層與同溫層的定義與特色

一、對流層與同溫層的溫度變化

　　由動力裝置產生前進驅推力，由固定機翼產生升力，在大氣層中飛行的重於空氣的航空器稱為飛機。飛機活動的範圍主要是在離地面約25公里以下的大氣層內，也就是說飛機的飛行高度再高也不會超過25公里，就連在二〇〇三年的超音速客機的飛行高度也不過約18公里而已，如果以氣溫的變化為基準，我們可以說飛機活動的範圍主要是在對流層和同溫層之間，圖二十七為飛機活動區域的溫度變化情形示意圖。

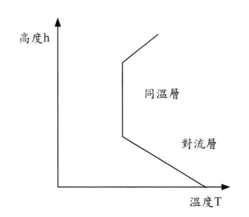

圖二十七　飛機活動區域的溫度變化情形示意圖

二、對流層的定義與特色

（一）對流層的定義與特色

　　對流層是地球大氣層中最靠近地面的一層，也是地球大氣層裡密度最高的一層。其區域範圍大約是由地表（或海平面）至高度11公里處，在此區域內大氣溫度會隨高度成直線遞減（溫度遞減率 $\alpha = -0.0065\ K/m = -0.00356^0 R/ft$ ）；風向和風速經常變化；空氣上下對流劇烈；有雲、雨、霧、雪等天氣現象，我們稱此區域為對流層。

（二）對流層的厚度隨緯度和季節變化的情形

　　一般人會認為對流層的區域範圍是固定不變的。其實不然，對流層的厚度會隨著緯度和季節的變化而變化。

1.對流層的厚度隨緯度的變化情形：一般而言，對流層的厚度在低緯度地區平均為16～18公里；在中緯度地區，平均為10～12公里；高緯度地區平均為8～9公里。台灣位於北緯25度，對流層的厚度約為10公里，這也意味著民航機（客機）的巡航高度約為10公里。

2.對流層的厚度隨季節的變化情形：對台海二岸三地（中國、臺灣以及大陸）而言，就季節來看，絕大部分地區一般都是夏季對流層厚，冬季對流層薄。

三、對流層的分布

對流層是天氣變化最複雜的氣候層，也是對飛行影響最重要的氣候層。飛行中所遇到的各種重要天氣現象幾乎都出現在這一層中，如雷暴、濃霧、低雲幕、雪、雹、大氣湍流以及風切變等。在對流層內，按氣流和天氣現象分佈的特點，又可分為下層、中層和上層3個層次。分別描述如下：

（一）對流層下層

對流層下層的區域範圍是從地面到離地約1～2公里的高度，但在各地的實際高度又與地表性質、季節等因素有關。一般說來，其高度在粗糙地表上高於平整地表，夏季高於冬季（北半球），白天高於夜間。在這個區域範圍內，氣流受地面與空氣的對流作用影響很大，風速通常隨高度增加而增大。在複雜的地形和惡劣天氣條件下，常存在劇烈的氣流擾動，威脅著飛行安全，突發的下沖氣流和強烈的低空風切變常會引起飛機失事。另外，充沛的水汽和塵埃往往導致濃霧和其他惡化能見度的現象，對飛機的起飛和著陸構成嚴重的障礙。為了確保飛行安全，每個機場都規定有各類飛機的起降氣象條件。

（二）對流層中層

對流層中層的區域範圍是從對流層下層的頂部再向上到離地約6公里的高度，這一層受地表的影響遠小於對流層下層，一般輕型運輸機以及直升機等常在這一層中飛行。

（三）對流層上層

對流層上層的區域範圍是從對流層中層再向上伸展到對流層的頂部。這一層的氣溫常年都在0^oC，水汽含量很少，各種雲都由冰晶或過冷卻水滴組成。在中緯度和亞熱帶地區，這一層常有風速大於30 m/s的強風帶，也就是所謂的高空急流。飛機在急流附近飛行時，往往會遇到強烈顛簸，使乘員不適，甚至破壞飛機結構和威脅飛行安全。此外，在對流層和平流層之間，還有一個厚度為數百米到1～2公里的過渡層，稱為對流層頂。對流層頂對垂直的氣流有很大的阻擋作用，上升的水汽以及塵粒大多聚集在此其區域範圍內，所以能見度往往較差。

四、同溫層（平流層下層）的定義與特色

由對流層頂部到再向上到離地約差不多25公里處，在此區域內大氣溫度保持不變，在這個區域範圍中大氣主要是以水平方向流動，垂直方向上的運動較弱，因此氣流平穩，基本沒有上下對流，我們稱此區域為同溫層，在同溫層之上，溫度將會逐漸升高，這是因為該層由於存在大量臭氧，臭氧會直接吸收太陽輻射的緣故。在溫帶地區，商業客機一般會在同溫層的底部（高度大約是離地10公里）巡航。這是為了避開對流層因對流活動而產生的氣流。

　　因為大氣層的高度、壓力與溫度的變化會造成空氣密度變化，進而影響飛機飛行的升力、推力與阻力，使飛機的飛行性能發生變化，所以在飛行原理中，飛機飛行環境的是非常重要的，在此我們做一個簡單的介紹。

一、標準大氣狀況

（一）定義

　　由於大氣的物理性質（壓力、溫度及密度）會隨著所在地理位置、季節和高度而變化，這樣就使得飛機所產生的空氣動力也發生變化，所以我們必須建立一個統一的標準，使得在研究飛機的空氣動力特性時，不會因地而異，這就是標準大氣狀況。

（二）國際標準大氣的規定

1.大氣可被看成理想氣體，也就是服從理想氣體方程式 $Pv = RT$ 。

2.以海平面為基準，也就是以海平面的高度為零。在海平面上，大氣的標準狀態為：氣溫是 $T = 15^{o}C = 288.15K$ ；壓力是 $P = 1atm = 101325Pa$ ；密度 $\rho = 1.225kg/m^{3}$ ；音速是 $a = 341m/s$ 。

二、連續性與不可壓縮性的考量

（一）連續性的假設

1.定義：由於大氣是由分子構成的，當飛機在大氣中運動時，因為飛機的外形尺寸遠遠大於氣體分子的之間的距離，所以我們可以把氣體分子之間的距離忽略不計，這也就是在空氣動力學中所常說「連續性」的假設。因為我們假設流體的性質變化非常平滑，以致於我們可以用的微積分的方法去解析流體流場的性質變化。

2.不適用情況：隨著飛機飛行（海拔）高度的增加，大氣的密度會越來越小，所以氣體分子的之間的距離越來越大。當飛機在40公里以下的高度飛行時，可以認為是在稠密大氣層內飛行，此時氣體可視做是連續的。超過40公里以上的高度，「連續性」的假設可能就不適用，但是飛機活動的範圍主要是在離地面約25公里以下的大氣層內，也就是說飛機的飛行高度再高也不會超過25公里，所以除非特別說明，一般我們都用「連續體」來看待航空大氣。

（二）不可壓縮性的假設

1.定義：當大氣流過飛機表面時，由於壓力會發生變化，密度也會隨之發生變化。在氣流的速度很低時，壓力的變化量較小，所以密度的變化也很小。我們可以不考慮大氣密度所產生的影響。這也就是在空氣動力學中所常說「不可壓縮性」的假設。

2.不適用情況：當大氣的氣流速度較高時，就必須考慮大氣的可壓縮性，一般而言，我們以0.3倍音速為分界點。如果氣流流動的速度小於0.3倍音速，我們可以不考慮大氣密度所產生的變化或影響；但是氣流流動的速度大於0.3倍音速，則我們就必須考慮大氣密度所產生的變化或影響。

三、飛機飛行環境的變化

飛機在大氣層內飛行時所處的環境條件，我們稱之為大氣飛行環境。由於大氣的特性（溫度、壓力以及密度）對飛機的飛行性能也會產生不同程度的影響。在此，本書節錄飛機飛行環境（對流層與同溫層）的溫度、壓力、密度與高度的計算公式，作為各位研究的參考。

	溫度	壓力	密度
對流層 （0～11公里）	$T = T_1 + \alpha(h - h_1)$ $\alpha = -0.0065 \ K/m$	$\dfrac{P}{P_1} = \left(\dfrac{T}{T_1}\right)^{-\frac{g_0}{\alpha R}}$	$\dfrac{\rho}{\rho_1} = \left(\dfrac{T}{T_1}\right)^{-\left(\frac{g_0}{\alpha R}+1\right)}$
同溫層 （11～25公里）	$T = \text{constant}$	$\dfrac{P}{P_1} = e^{-\frac{g_0}{RT}(h-h_1)}$	$\dfrac{\rho}{\rho_1} = e^{-\frac{g_0}{RT}(h-h_1)}$

一、音（聲）速的定義

所謂音速是指聲音傳播的速度，由於音（聲）速會隨著溫度的降低而變慢，所以在對流層的高度區間內，高度越高，溫度越低，所以音速也就越慢。航空界常使用的音速有二，在地面的音速約為$340m/s$；在巡航高度（約離地10公里的高度）的音速約為$300m/s$。

二、馬赫數的定義

飛機飛行的速度通常用馬赫數來表示，馬赫數是飛行的速度與音速的比值，也就是$M_a \equiv \dfrac{空速}{音速} = \dfrac{V}{a}$，在此 V 不是表示體積，而是代表空速（飛機飛行的速度）。

三、飛機飛行的速度區間

如果飛機飛行所產生的局部氣流小於音速，我們稱之為次音速飛行，但是如圖二十八所示，因為機翼上表面前方的加速性以及氣流超過音速產生震波（大氣氣流在超過音速時所產生的劇烈壓縮現象）的減速現象，所以通常飛機飛行在接近（小於）音速時（飛機到達臨界馬赫數時），飛機機翼上表面的速度就會超過音速，因而產生震波，空氣氣流在通過震波後，氣流又降為次音速，因為流場混合的緣故，欲在穿音速流做動力飛行，是非常困難。

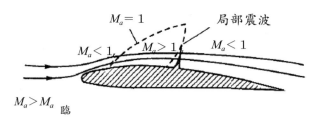

圖二十八　局部震波示意圖

因為飛機飛行在接近（小於）音速時，會產生局部震波現象，所以空氣動力學家將現代高性能飛機的飛行速度分成幾個區間。說明如下：

　　$0 < M_a < 0.8$ 我們稱在這個飛行的速度區間的流場為次音速流場，飛機在這個飛行的速度區間飛行，飛機飛行所產生的局部氣流均小於音速，因此整個流場並沒有局部震波的產生，所以我們不需要考慮震波阻力與音障。在此0.8指的是臨界馬赫數。

　　$0.8 < M_a < 1.2$ 我們稱在這個飛行的速度區間的流場為穿（跨）音速流場，通常飛機在這個飛行的速度區間飛行時，局部震波會開始產生，整個流場會分成次音速氣流（$M_a > 1$的氣流）與超音速氣流（$M_a < 1$的氣流）區域。由於流場混合的緣故，在穿（跨）音速流區域，飛機會產生強烈的振動，甚至曾經出現過機毀人亡的事故。

　　$1.2 < M_a$ 我們稱此在這個飛行的速度區間的流場為超音速流，有震波出現，但是周遭流場的速度均為超音速氣流（無次音速流場的存在）。

　　由於現代飛機的製造技術突飛猛進，我們可用後掠翼與臨界翼型機翼延遲臨界馬赫數或消彌在機翼上曲面的局部超音速現象，因此客機（次音速飛機）的巡航速度越來越快，例如波音747（如圖二十九所示），採用後掠翼設計，藉以延遲臨界馬赫數，因此能以巡航速度約0.85馬赫（音速）的速度在大氣層飛行，但是不會產生局部震波現象，使得旅客能夠享受更快速、舒適及安全的航程。

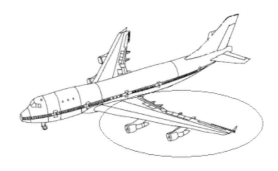

圖二十九　波音747後掠翼的設計

第五章

飛機的外形結構

　　飛機的機體結構通常是由機翼、機身、尾翼和起落架以及發動機所組成。圖三十是飛機的主要構件示意圖。

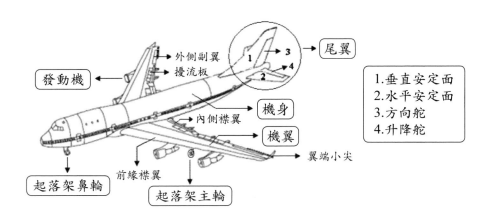

圖三十　飛機的主要構件示意圖

　　在本章，本書先針對飛機的基礎結構做簡單的介紹，讓讀者對飛機的外形結構有初步的認知。至於詳細介紹，則在後續章節依序說明。

一、機翼

　　機翼是飛機產生升力的部件，機翼後緣有可操縱的活動面，靠外側的叫做副翼，用於控制飛機的滾轉運動，靠內側的則是襟翼，用於增加起飛著陸階段的升力。機翼內部通常安裝油箱，機翼下面則可供掛載副油箱和武器等附加設備。有些飛機的發動機和起落架也被安裝在機翼下方，機翼下面用來安裝副油箱、武器及發動機的裝置，我們稱為派龍。

二、機身

　　機身的主要功用是裝載人員、貨物、設備、燃料和武器等，也是飛機其他結構部件的安裝基礎，將尾翼、機翼及發動機等連接成一個整體。

三、尾翼

尾翼是用來平衡、穩定和操縱飛機飛行姿態的部件，通常包括垂直尾翼（垂尾）和水平尾翼（平尾）兩部分。垂直尾翼由固定的垂直安定面和安裝在其後部的方向舵組成，水平尾翼由固定的水平安定面和安裝在其後部的升降舵組成，一些型號的飛機升降舵由全動式水平尾翼代替。方向舵用於控制飛機的偏航（航向）運動，升降舵用於控制飛機的俯仰運動。

四、起落架

起落架是由支柱、緩衝器、剎車裝置、機輪和收放機構所組成。它用來支撐飛機停放、滑行、起飛和著陸滑跑的部件。

五、發動機

飛機動力裝置的核心是航空發動機，主要功能是用來產生推動力，藉以克服飛機的重力與其和空氣做相對運動時產生的阻力，而使飛機起飛與前進。一般而言，飛機所採用的發動機大抵可分為活塞式發動機（往復式發動機）、渦輪噴射發動機、渦輪螺旋槳發動機以及渦輪風扇發動機四種。

第二節　飛機的外形設計

　　飛機的外形往往依照飛機的氣動力與發動機設計，也是說我們通常可以依照飛機的外形初步看出飛機的性能。在此，本書針對飛機的外形與飛機性能做做簡單的敘述，希望讓讀者對飛機的外形設計依據有初步的認識。

一、用飛機機翼的外形來區分

　　飛機的機翼的外型往往決定飛機的速度，如圖三十一所示，平直機翼為小（輕）型低速飛機（如圖三十一所示（a）所示），飛機的飛行速度大約是0.1～0.5馬赫（音速），最多不會超過0.75馬赫，而現代常用的客機（民航機）則採用後掠機翼（如圖三十一所示（b）所示），例如波音747，這是為了提高飛機產生音障的臨界飛行速度（臨界馬赫數），讓飛機以較高且不受音障的影響飛行，它的巡航速度大約是0.85馬赫（音速）。空氣動力學家和飛機設計師們密切合作。進行了一系列飛行試驗，結果發現：要突破音障，飛機必須採用新的空氣動力外形。其中一種方法就是採用三角翼機翼以及細長流線型的細腰機身（如圖三十一所示（c）所示），快速地通過穿音速流區域，避免音障的影響。

　　（a）平直機翼　　　　　　（b）後掠機翼　　　　　　（c）三角翼機翼

圖三十一　飛機機翼的外觀示意圖

　　由上可以知道，根據一架飛機的外形，我們就基本上可以判斷出它是超音速飛機還是次音速的飛機了。

第五章　飛機的外形結構

059

二、用飛機尾翼的外形來區分

　　飛機的尾翼是重要的部件之一，其主要功用是保證飛機的縱向（俯仰）和橫向（偏航）的平衡，並使飛機在縱向和橫向這兩方向具有必要的穩定和操縱作用。由於飛機的功用、空氣動力性能和受力情況不同，尾翼有不同的構造形式，如圖三十二所示，飛機的尾翼可分成機身上的平尾、高平尾、T字字形尾翼、無平尾尾翼、V型尾翼以及鴨翼等幾種。

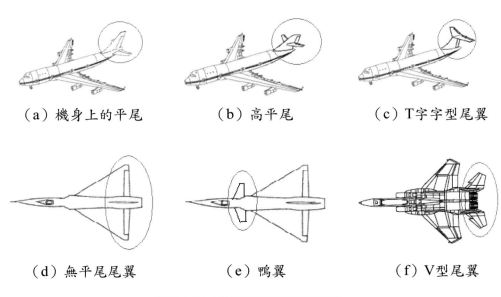

（a）機身上的平尾　　　（b）高平尾　　　（c）T字字型尾翼

（d）無平尾尾翼　　　（e）鴨翼　　　（f）V型尾翼

圖三十二　飛機尾翼的外觀示意圖

　　高平尾尾翼和T字形尾翼（如圖三十二（b）和（c））的特點是水平尾翼相對於機翼的位置來說比較高，可以避開機翼形成的渦流影響，藉以提高水平尾翼和升降舵的效能。

　　無平尾尾翼的特點是沒有水平尾翼（如圖三十二（d）），常用於窄長的三角翼飛機。因沒有水平尾翼，也就沒有升降舵。這種飛機的俯仰操縱功能由機翼後緣的升降副翼來完成，即左、右機翼上的升降副翼同時向上或向下偏轉時會產生俯仰（機頭向上或向下）的操縱力矩，此時的升降副翼和一般飛機升降舵的作用相同；當左、右機翼上的升降副翼向相反方向偏轉時，會使飛機產生滾轉的操縱力矩，此時升降副翼和一般飛機副翼

的作用相同。鴨翼（又稱前翼或前置翼，如圖三十二（e）），它是將水平安定面放在主翼前面，使用這種配置方式的優點是可使主翼上方產生渦流，可提高失速攻角。但是缺點為較容易造成不穩定，由於民航機對穩定性的要求非常高，所以不可能採用鴨翼配置。

V型尾翼（如圖三十二（f））由左右兩個翼面組成，像是固定在機身尾部帶大上反角的平尾。V型尾翼兼有垂直尾翼（垂尾）和水平尾翼（平尾）的功能。呈V形的兩個尾面在俯視和側視方向都有一定的投影面積，所以能同時起縱向（俯仰）和航向穩定作用。當兩邊舵面作相同方向偏轉時，起升降舵作用；分別作不同方向偏轉（差動）時，則起方向舵作用。

三、用飛機發動機的外形來區分

一般而言，飛機所採用的發動機大抵可分為活塞式發動機（往復式發動機）、渦輪噴射發動機、渦輪螺旋槳發動機以及渦輪風扇發動機四種。而活塞式發動機與渦輪螺旋槳發動機稱為螺旋槳發動機。

（一）螺旋槳發動機飛機

安裝活塞式發動機與渦輪螺旋槳發動機的飛機，我們統稱為螺旋槳飛機。如圖如圖三十三所示，螺旋槳飛機的發動機多裝在機頭或機翼前緣。這樣可使機翼上所受的負載降低，因發動機的重力與升力的方向相反，減少了由這些外力引起的彎曲力矩。

圖三十三　螺旋槳飛機的外觀示意圖

螺旋槳飛機在中、低空高度及次音速之空速下可產生較大的推進效率（空速為0.5馬赫時，其推進效率極佳），但是隨著飛行速度增加，而使阻力大增，則會造成飛行上之瓶頸。

活塞式發動機在低空低速飛行時噪音小、油耗低、經濟效率高，這種飛機大多應用於輕型飛機和超輕型飛機等方面，但是推力不足始終是它的主要致命傷，不少中型低速客機改用渦輪螺旋槳發動機取代活塞式發動機，藉以增加推力。

（二）噴氣式發動機飛機

在此，我們所指的噴氣式發動機飛機指的是安裝渦輪噴射發動機與渦輪風扇發動機（並不包含渦輪螺旋槳發動機）的飛機，它們可依照發動機的安裝位置大致分成翼吊式發動機飛機、尾吊式發動機飛機以及機身內式發動機飛機三種，在此說明如下：

1. **翼吊式發動機飛機**：如圖三十四所示，翼吊式發動機安裝位置佈局的方式是客機與轟炸機等飛機最主要的發動機佈局方式，這種佈局方式可以抵消由於升力對機翼產生向上的力矩，從而達到力矩平衡。同時，由於把發動機掛在機翼的二側，所以重量分佈會讓飛機更加穩定。除此之外，發動機的進氣氣流少受機翼和機身的干擾，從而有助達到發動機理想的效率。而且發動機在機翼下方（離地近）維護比較方便。但是這種佈局方式也造成機翼、機體與發動機之間的干擾阻力以及其他的不良的干擾效應增加，同時因為發動機離地近，易於吸入沙石與塵土而導致外物損傷（F.O.D）。

圖三十四　翼吊式飛機的外觀示意圖

2.**尾吊式發動機飛機**：如圖三十五所示，尾吊式發動機安裝位置佈局的方
式的優點是將發動機後置而使得客艙的噪音小。因為發動機離地高，不
易於吸入沙石與塵土而導致外物損傷（F.O.D），但是發動機的進氣氣
流會受機翼的干擾，因而導致發動機效率下降。同時，發動機置於機身
的後方，導致飛機的重心向後，降低飛機的穩定性。除此之外，因為發
動機離地高，不易維護。所以現在新一代主流幹線客機基本上已經沒有
尾吊式佈局的飛機了。

圖三十五　尾吊式飛機的外觀示意圖

3.**機身內式發動機飛機**：如圖三十六所示，機身內式發動機飛機是將把發
動機並列安裝在後機身的內部。這種安排方式在單一發動機飛行時，由
於兩邊推力不平衡而引起的偏航力矩比較小，但發動機所占機身的容積
很大，不利於裝載其他的設備。這種安裝形式常用於戰鬥機上。

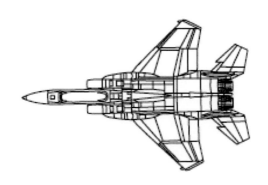

圖三十六　機身內式發動機飛機的外觀示意圖

航空小常識

　　隨著航空運輸量大增，航空事故日益頻繁，飛航安全開始成為頗受重視的一門系統科學，現代民航機的設計是必須確保飛機的發動機不論在何時何地發生故障時，都能具備安全飛行的能力，這也就是現代民航機沒有單引擎飛機的理由。

第六章

飛機的機翼與幾何參數

飛機機翼的主要構造

　　如圖三十七所示，機翼是飛機產生升力的部件，機翼後緣有可操縱的活動面，靠外側的叫做副翼，用於控制飛機的滾轉運動，靠內側的則是襟翼，用於增加起飛著陸階段的升力。機翼內部通常安裝油箱，機翼下面則可供掛載副油箱和武器等附加設備。有些飛機的發動機和起落架也被安裝在機翼下方，機翼下面用來安裝副油箱、武器及發動機的裝置，我們稱之為派龍。

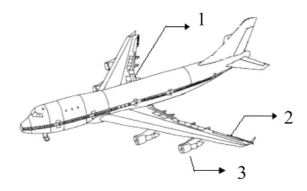

1.內側襟翼；2.外側副翼；3.發動機

圖三十七　飛機機翼的外觀示意圖

第二節 **相對運動原理**

　　如圖三十八所示，假設飛機在靜止的大氣中（無風狀態）作水平等速直線飛行。如果觀察者在地面的固定位置來描述飛機在靜止大氣中做水平等速度直線飛行這一運動狀態，觀察者觀察到的是飛機的行進速度，則飛機將以速度V_∞向左飛行（如圖三十八（a）所示）；如果觀察者乘坐在飛機上則觀察到的是遠前方的空氣將以速度V_∞流向靜止不動的飛機，我們稱之為相對風的速度（如圖三十八（b）所示）。

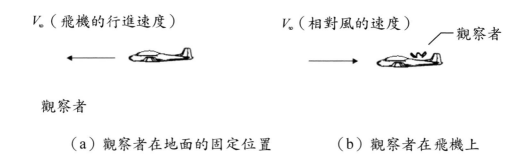

V_∞（飛機的行進速度）　　　　　　　V_∞（相對風的速度）

觀察者

（a）觀察者在地面的固定位置　　　（b）觀察者在飛機上

圖三十八　相對運動原理的示意圖

　　由上面的例子可以看出：飛機的行進速度與相對風的速度大小相等，但是方向相反。從空氣動力學的角度來看：作用在飛機上的空氣動力不會因觀察者的角度發生變化而變化。

　　無論是飛機在靜止的空氣中飛行還是氣流流過靜止的飛機，只要兩者相對速度相等，飛機上所受的空氣動力就完全相等。這個原理就叫做「相對運動原理」。從「相對運動原理」中，我們得知：無論從實驗或理論的研究角度來看，採用相對風的觀念觀察作用在飛機上的氣動力與觀察者在地面的固定位置觀察所獲得的「作用在飛機上的氣動力」是完全相同的。因此「相對風的觀念」被廣泛地應用於航空、航天、航海以及交通運輸等部門。例如，「風洞實驗」就是建立在這個原理的基礎之上，如圖三十九

所示，它是一種結構最簡單的直流式低速風洞。風洞的相對風是由風扇旋轉時所產生的（抽風機的原理），由電動機帶動並調整電動機的轉速，就可以改變風扇的轉速，從而改變風洞中氣流的流速。氣流首先通過收斂段，使氣流的速度增大（加速），再通過整流格，使氣流穩定，然後再以平穩的速度通過測試段，觀察飛機或機翼模型在測試段的氣動力變化情形，然後氣流從試驗段流過擴散段，使氣流流速降低，能量的損失減小。最後氣流通過防護網流出風洞。在此，防護網的主要作用是為了保護風扇的葉片不受損傷。

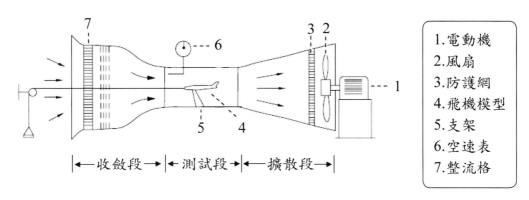

圖三十九　低速風洞實驗的示意圖

　　我們在設計飛機時，因為成本與安全性的考量，不可能剛剛設計好就馬上製造實體飛機試飛，從「相對運動原理」中，得知：在實驗中採用相對風的觀念研究所得作用在飛機上的氣動力會與實際飛機飛行時所受的氣動力是完全相同的，所以在飛機設計的過程中，風洞測試是不可或缺的一個環節。

第三節　機翼的形狀

機翼是產生升力和阻力的主要部件。作用於機翼上的空氣動力情況與飛機性能密切相關.而機翼的空氣動力特性受到機翼外形的影響。機翼的幾何外形可分為機翼平面的幾何形狀和翼剖面幾何形狀，在此分述如下：

一、機翼平面的幾何形狀

在此，我們以梯形翼為例，說明機翼平面的幾何形狀（如圖四十所示）。

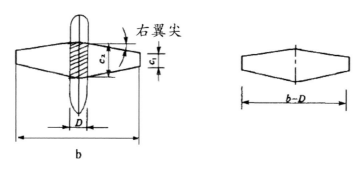

翼展長b-機翼左右翼尖的橫向距離
C_1-翼尖弦長；C_2-翼根弦長

圖四十　機翼幾何形狀的示意圖

從圖四十中，我們列出以下幾個參數用以定義機翼幾何形狀，列舉如下：可以推論出

（一）幾何平均弦長 $\overline{C}$：$\overline{C} = \dfrac{C_1 + C_2}{2}$

（二）外露機翼（也稱淨機翼）面積：S_w：$S_w = \overline{C} \times (b - D)$

（三）毛機翼面積S：$S = \overline{C} \times b$

（四）展弦比AR：$AR \equiv \dfrac{翼長}{弦長} \equiv \dfrac{b}{c} = \dfrac{b^2}{bc} = \dfrac{b^2}{S}$

（五）梯度比$(\lambda) \equiv \dfrac{翼尖弦長}{翼根弦長} = \dfrac{c_1}{c_2}$

航空小常識

　　外露（淨）機翼面積是氣流真實流過的，產生空氣動力的機翼，毛機翼面積只是一個假想的機翼面積，但許多飛機說明書上所說的飛機機翼面積往往指的是毛機翼面積，它是一個通用的參考面積。

二、機翼翼型（翼剖面）的幾何形狀

如圖四十一所示，用平行於對稱平面的切平面切割機翼所得的剖面，我們稱之為翼剖面（簡稱翼型）

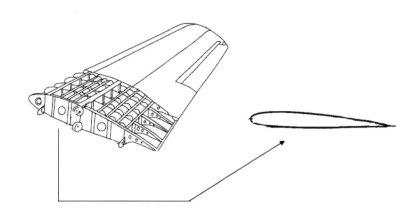

圖四十一　翼型（翼剖面）的幾何形狀

如圖四十二所示，機翼的翼型（翼剖面）中又分對稱翼型和不（非）對稱翼型，對稱翼型是翼剖面在x軸的上半部部份與在x軸的下半部部份是完全對稱，如圖四十二（a）所示；而不（非）對稱翼型是翼剖面在x軸的上半部部份與在x軸的下半部部份不是完全對稱，如圖四十二（b）所示。

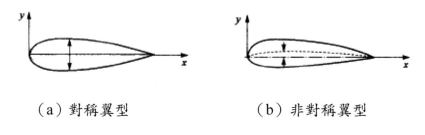

（a）對稱翼型　　　　　　　　（b）非對稱翼型

圖四十二　對稱翼型和不（非）對稱翼型的外觀示意圖

如圖四十三所示，我們以不對稱翼型（翼剖面）來說明翼剖面的各部名詞，敘述如下：

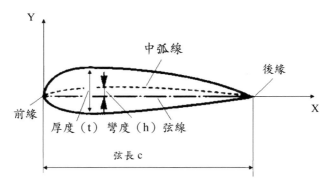

圖四十三　翼剖面的名詞定義示意圖

（一）**弦線**：機翼前緣至後緣的連線，我們稱之為弦線；機翼前緣至後緣的距離，我們稱之為弦長，一般以c來表示。

（二）**中弧線**：機翼上下表面垂直線的中點所連成的線，我們稱之為中弧線。

（三）**厚度**：機翼上下表面之距離，一般以t來表示。。

（四）**彎度**：機翼中弧線最大高度與弦線之間的距離，一般以h來表示。

（五）**相對厚度**：機翼最大厚度與機翼弦長的比值，通常我們用百分比表示，也就是 $\equiv \dfrac{最大厚度}{機翼弦長} \times 100\% = \dfrac{t_{max}}{c} \times \%$。現代飛機翼型的相對厚度約為3％～14％。

（六）**最大厚度位置**：機翼最大厚度距離前緣x軸的距離，我們稱之為最大厚度位置，通常我們用與機翼弦長的百分比表示，也就是

$\equiv \dfrac{最大厚度距前緣在x軸上的距離}{機翼弦長} \times 100\% = \dfrac{x_{t\,max}}{c} \times \%$ ，現代飛機翼型的最大厚度位置約為30％～50％。

（七）**相對彎度**：機翼最大彎度與機翼弦長的比值，通常我們用百分比表示，也就是相對彎度 $\equiv \dfrac{最大彎度}{機翼弦長} \times 100\% = \dfrac{h_{max}}{c} \times \%$ 。對稱翼型的相對彎度為0，翼型上下表面的彎曲程度越大，相對彎度彎度也就越大，現代飛機翼型的相對彎度約為0％～2％。

第四節 機翼的攻角

一、攻角的定義

如圖四十四所示，所謂攻角指的是相對風（與飛機行徑路徑反方向的氣流）和機翼弦線的夾角。

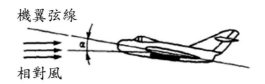

圖四十四　攻角的示意圖

二、攻角的正負

如圖四十五所示，根據機翼弦線與相對風的位置關係，攻角可以分為正攻角、零攻角和負攻角。如圖四十五（a）所示，當機翼弦線在相對風之上的話，我們稱為正攻角，如圖四十五（b）所示，當機翼弦線與相對風重合時，攻角為0；如圖四十五（c）所示，當機翼弦線在相對風之下的話，我們稱為負攻角。

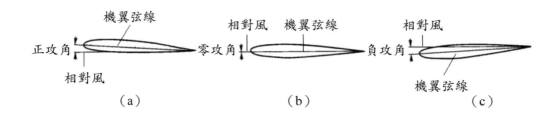

圖四十五　攻角角度的正負示意圖

圖解式飛航原理簡易入門小百科

飛機在正常飛行所使用的是正攻角，如圖四十六所示，我們可以看出：飛機在爬升、滑行以及下滑等動作時，機翼弦線都是在相對風之上，也就是說飛機是以「正攻角」的型態飛行。

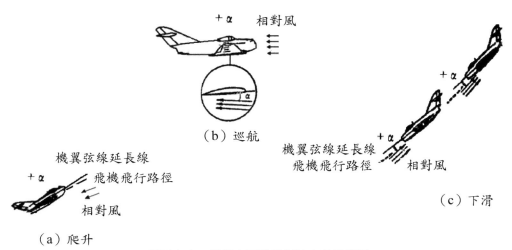

圖四十六　飛機在正常飛行的攻角示意圖

俯仰角、航跡角與攻角的關係

一、俯仰角的定義

　　如圖四十七所示，飛機機翼弦線的延長線與水平線的夾角，稱之為俯仰角（θ）。我們定義仰角（飛機爬升時的角度）為正，如圖四十七（a）所示；俯角（飛機下降時的角度）為負，如圖四十七（b）所示。

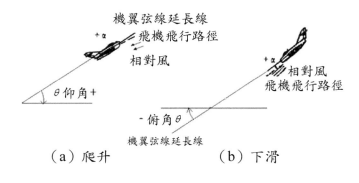

（a）爬升　　　　　（b）下滑

圖四十七　俯仰角角度的正負示意圖

二、航跡角的定義

如圖四十八所示，飛機的行進路徑（或相對風的反方向）與水平線的夾角，稱為航跡角（γ）。我們定義飛機爬升時，航跡角的角度為正，如圖四十八（a）所示；飛機下降時，航跡角的角度為負，如圖四十八（b）所示。

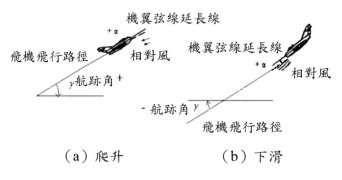

（a）爬升　　　　（b）下滑

圖四十八　航跡角角度的正負示意圖

三、俯仰角、航跡角與攻角的關係

俯仰角、航跡角與攻角的關係如圖四十九所示，從圖四十九中我們可以看出：飛機在正常飛行，俯仰角（θ）、航跡角（γ）與攻角（α）的關係為：$\alpha = \theta - \gamma$

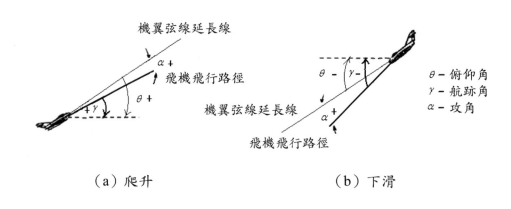

（a）爬升　　　　　　（b）下滑

圖四十九　俯仰角、航跡角與攻角的關係示意圖

四、風座標與體座標的關係

在航空業界，我們常以飛機為觀察座標，若我們以飛機的行進路徑（或相對風的反方向）為參考x軸（x'軸），畫出直角座標（$x'y'$座標），我們稱之為風座標，若我們以飛機機翼弦線的延長線為參考x軸（x''軸），畫出直角座標（$x''y''$座標），我們稱之為體座標，風座標與體座標（x'軸與x''軸）彼此相差一個攻角的角度。在此，我們以飛機等速度爬升為例，畫出風座標與體座標的關係示意圖，如圖五十所示。

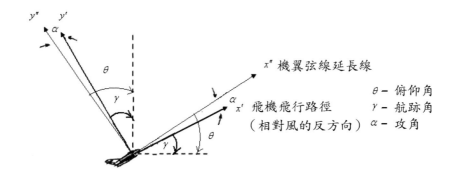

圖五十　風座標與體座標的關係示意圖

第七章

機翼的升力與阻力

如圖五十一所示，飛機飛行時會受到升力、阻力、推力以及重力等四種力的作用，我們在設計飛機時，總是希望能夠提高升力與推力以及降低阻力與重力，由於飛機的重力與飛機的機型與重量有關，而飛機的推力與飛機發動機的類型有關。因此，在本章我們不加說明，只探討飛機飛行所承受的升力和阻力，說明如後。

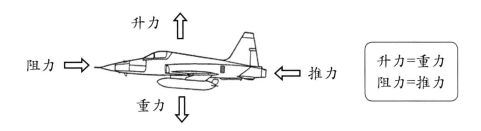

升力

阻力

推力

重力

升力＝重力
阻力＝推力

加速度＝0；等速度飛行

圖五十一　飛機巡航時的受力示意圖

一、機翼升力的形成

　　飛機是一種大氣層中飛行，而且重量重於空氣的航空器，飛機在空氣中之所以能夠飛行，是因為有一股力量克服它的重量，這股力量就叫做升力，它主要是由飛機的機翼所產生。航空界機翼升力形成的解釋大抵有二種，一種是利用柏努力定律加以解釋，此種說法我們已經在第三章基本空氣動力學中詳細說明，在此不再加以贅述。另一種說法是利用庫塔條件與凱爾文定理來加以解釋，我們將在本章節加以說明，說明如後。

（一）庫塔條件

　　如圖五十二所示，對於一個具有尖銳尾緣之翼型而言，流體無法由下表面繞過尾緣而跑到上表面，而翼型上下表面流過來的流體必在後緣會合。如果後緣夾角 θ 不為0，則後緣為停滯點，表示速度為V1＝V2＝0（因為沿流線方向則速度會有兩個方向，對同一後緣點而言不合理，所以只能為0），如果後緣夾角 θ 為0，同一點的壓力相等，則V1＝V2≠0，由上述也可知，在尖尾緣處，其上下翼面的壓力相等。

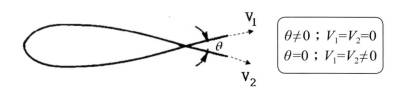

圖五十二　庫塔條件說明示意圖

（二）凱爾文定理

　　對於無黏性流體渦流強度不會改變，我們稱為凱爾文定理。

（三）機翼升力形成的過程

　　基於庫塔條件，空氣流過機翼前緣時，會分成上下兩道氣流，並於翼型的尾端會合，所以對於一個正攻角的機翼而言，因為流經翼型的流體無法長期的忍受在尖銳尾緣的大轉彎（如圖五十三（a）所示），因此在流動不久就會離體，造成一個逆時針之渦流（如圖五十三（b）所示），使得流體不會由下表面繞過尾緣而跑到上表面，我們稱此渦流為啟始渦流，隨著時間的增加，此渦流會逐漸地散發至下游（如圖五十三（c）與（d）所示），而在機翼翼型的下方產生平滑的流線。

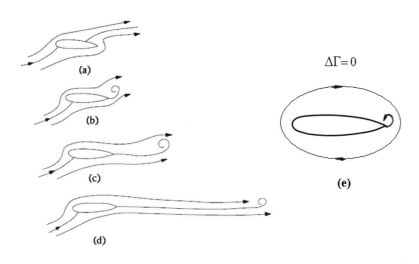

$$\Delta\Gamma = 0$$

圖五十三　升力形成過程的示意圖

　　如圖五十三（e）所示，根據凱爾文定理，對於無黏性流體渦流強度不會變，所以在啟始渦流產生時，機翼的周圍會產生一個與啟始渦流大小相等、方向相反的順時針環流，使得渦流強度保持不變，我們稱此渦流為束縛渦流，而此渦流將拉動機翼的前緣向上，因而產生升力。

二、升力理論

根據升力公式 $L = \frac{1}{2}\rho V^2 C_L S$；在此，L是升力；$\rho$是密度；V是飛行速度；$C_L$是升力係數，S表示上視面積，其定義已經在第五章飛機的機翼與幾何參數中詳細說明，在此不再加以贅述。

從升力公式中，我們可以看出飛機機翼所受到的升力與飛機飛行速度的平方以及空氣的密度成正比。關於這點，我們可以用柏努利方程式 $P_1 + \frac{1}{2}\rho V_1^2 = P_2 + \frac{1}{2}\rho V_2^2 = cons\tan t$ 來解釋，如圖五十四所示。當飛機飛行速度或空氣的密度越大時，機翼上下表面的壓力差會變大，所以所造成的升力就越大。

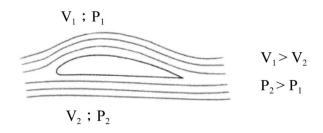

$$V_1 ; P_1$$

$$V_1 > V_2$$
$$P_2 > P_1$$

$$V_2 ; P_2$$

圖五十四　柏努利定理產生升力的示意圖

除此之外，從升力公式中，我們可以看出飛機機翼的面積也和飛機機翼所受到的升力成正比，但是機翼的面積增大時，同時也會增加阻力，其原因將在稍後解釋，所以飛機機翼的面積不可能會無限制的增大。

三、升力係數與攻角的關係

　　從升力公式中，我們可以看出飛機機翼所受到的升力也和機翼的升力係數 C_L 成正比，根據三維機翼升力係數公式 $C_L = \dfrac{2\pi \sin(\alpha + \dfrac{2h}{c})}{1 + \dfrac{2}{AR}}$ 中，我們可以看出：機翼的升力係數 C_L 與攻角和機翼的幾何外形有關，由於目前的機翼多為不對稱機翼，所以在此，我們首先以不對稱機翼翼型為例，探討升力與攻角的關係，如圖五十五所示。

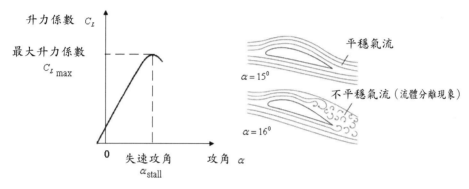

圖五十五　不對稱翼型升力係數 C_L 與攻角 α 的關係示意圖

　　從圖五十五中，我們可以看出飛機在低攻角的時候，升力係數 C_L 會隨著攻角上升而變大，但是到達某一攻角值時，機翼會產生流體分離現象，此時，升力會大幅下降，飛機將無法再繼續飛行，我們稱之為失速，當飛機發生失速現象時，所對應的攻角角度，我們稱之為為臨界攻角或失速攻角（ α_{stall} ），而其所對應升力係數的值，我們稱之為最大升力係數（ $C_{L\max}$ ）。在此必須注意，由於我們是以不對稱機翼翼型為例，所以零升力攻角為負值。如果是對稱機翼翼型，則零升力攻角在攻角等於0的位置。

四、失速速度的計算

　　所謂失速速度是指飛機產生失速現象時，所對應的飛行速度，在此情況下，升力等於重力（L=W），升力係數為最大升力係數。因此失速速度（ V_{Stall} ）的計算公式為 $V_{Stall} = \sqrt{\dfrac{2W}{\rho C_{L\max} S}}$ ，在此S為機翼面積。

五、對稱機翼和不對稱機翼升力係數與攻角的關係

如圖五十六所示，對稱機翼是機翼翼型上下表面對x軸對稱，也就是機翼翼型的彎度為0，而不對稱機翼是機翼翼型上下表面對x軸上下表面不對稱，也就是機翼翼型的彎度不為0。

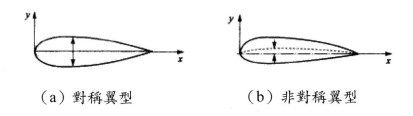

（a）對稱翼型　　　　　（b）非對稱翼型

圖五十六　對稱翼型和不對稱翼型的外觀示意圖

根據三維機翼升力係數公式$C_L = \dfrac{2\pi \sin(\alpha + \dfrac{2h}{c})}{1 + \dfrac{2}{AR}}$，對稱機翼翼型的彎度

（$\dfrac{h}{c}$）為0，不對稱機翼翼型的彎度（$\dfrac{h}{c}$）不為0，所以我們可以歸納出二個不同點，如圖五十七所示，說明如下：

（一）在相同攻角（α）時，不對稱機翼的升力係數（C_L）較大。

（二）對稱機翼的零升力攻角在攻角等於0的位置，而不對稱機翼的零升力攻角為負值。

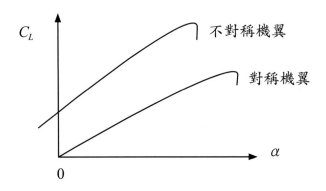

圖五十七　對稱機翼和不對稱機翼的C_L - α 的關係示意圖

六、不同展弦比的機翼升力係數與攻角之關係

根據三維機翼升力係數公式 $C_L = \dfrac{2\pi \sin(\alpha + \dfrac{2h}{c})}{1 + \dfrac{2}{AR}}$，展弦比（AR）越

大，升力係數越大，當AR趨近於無限大時，三維機翼升力係數公式可化

簡為 $C_L = 2\pi \sin(\alpha + \dfrac{2h}{c})$，我們稱之為二維機翼升力係數公式。據此，我

們可以獲得不對稱機翼在不同展弦比時的升力係數與攻角之關係，如圖

五十八所示。

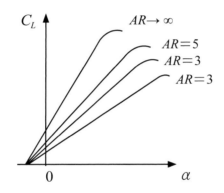

圖五十八　不對稱機翼在不同展弦比時的 C_L - α 的關係示意圖

七、襟翼

襟翼是用於飛機起飛和降落階段，提高升力或增加阻力的裝置，其工
作原理如圖五十九所示。

圖五十九　襟翼的工作原理示意圖

當飛機起飛或降落時，襟翼下放，藉以增加機翼的面積和彎度達到提
高升力或增加阻力的目的，使飛機得以減少起飛和降落滑行的距離。

八、高升力機翼

（一）定義

　　所謂高升力機翼是指加裝「增升裝置」的機翼，「增升裝置」是機翼上用來改善氣流狀況和增加升力的活動面，在飛機起飛、著陸或機動飛行時，使用增升裝置可以改善飛機飛行的性能，飛機在機翼的增升裝置主要是由各種前後緣襟翼所組成，我們將在其後逐一說明。

（二）增升裝置的工作原理

　　增升裝置的工作原理大抵可分成增加機翼弦長（面積）、增加機翼的彎度以及改善縫道的流動品質等三個方面，在此一一說明如下：

1. 增加機翼弦長：當機翼的弦長增加，則機翼的面積也就隨之增加，根據升力公式 $L = \dfrac{1}{2}\rho V^2 C_L S$，機翼的面積增加，升力也隨之增加。

2. 增加機翼的彎度：機翼的升力係數 C_L 與機翼翼型的彎度（$\dfrac{h}{c}$）有關，根據二維機翼升力係數公式 $C_L = 2\pi \sin(\alpha + \dfrac{2h}{c})$，我們可以得知：在相同攻角（$\alpha$）時，機翼翼型的彎度越大，機翼的升力係數也就越大，機翼的升力係數越大，其所產生的升力也就越大。

3. 改善縫道的流動品質：如圖六十所示，機翼開設縫道，可使氣流由下翼面通過縫道流向上翼面，因而延緩了氣流分離的現象發生，可以避免大攻角時可能發生的失速現象。

圖六十　機翼縫道延遲失速現象的原理示意圖

　　雖然增加機翼的彎度可以提升機翼的升力，但是增加機翼的彎度也會增加機頭下俯的力矩，因而造成水平安定面與升降舵配平的負擔，所以機翼的彎度不可以無限制的增加。

九、增升裝置的種類

　　機翼的增升裝置主要是由各種前後緣襟翼所組成，在此一一加以說明：

（一）前緣襟翼（又稱翼條或小板條）

　　如圖六十一所示，在正常工作時，前緣縫翼打開時，便與主翼前緣形成一道縫隙，可增加增加機翼弦長，提高升力，並可以使氣流由下翼面通過縫道流向上翼面，延遲氣流分離的出現，提高流經機翼上表面氣流的品質。

圖六十一　前緣襟翼的工作原理示意圖

　　實驗證明，使用前緣襟翼可以增加失速攻角（α_{stall}），與最大升力係數（$C_{L\max}$），如圖六十二所示。

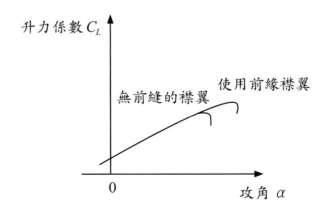

圖六十二　使用前緣襟翼的 C_L - α 的關係示意圖

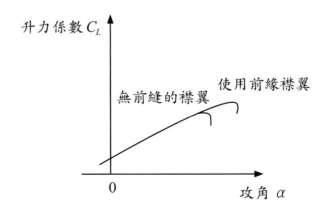（圖中文字：升力係數 C_L；無前縫的襟翼；使用前緣襟翼；0；攻角 α）

（二）後緣襟翼

1.**種類**：如同前面所說，增升裝置是使用增加機翼的彎度、增加機翼弦長
  以及延遲氣流分離現象來提高流經機翼上表面氣流的品質的裝置。根據
  它們所處機翼上的位置分為前緣襟翼和後緣襟翼。後緣襟翼包括簡單襟
  翼、開裂式襟翼、開縫襟翼（單縫襟翼、雙縫襟翼和多縫襟翼）以及後退
  式襟翼（佛勒式襟翼）等幾種，如圖六十三所示。

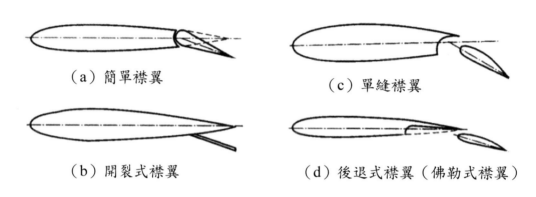

（a）簡單襟翼

（c）單縫襟翼

（b）開裂式襟翼

（d）後退式襟翼（佛勒式襟翼）

圖六十三　後緣襟翼的種類與外觀示意圖

2.工作原理

(1)**簡單襟翼**：簡單襟翼使用時只向下偏轉一定的角度，使得機翼彎度和
   攻角增加，它的增升效率低，但是構造簡單，多用在輕型飛機上，如
   圖六十三（a）所示。

(2)**開裂式襟翼**：這種襟翼本身像塊薄板，平時處於收上位置時緊貼於機
   翼後緣下部，使用時向下偏轉，好像機翼後緣沿弦面裂開一樣。在開
   裂處形成一低壓區，對機翼上表面氣流具有吸引作用，使機翼上表面
   流速增加，從而增加升力，開裂式襟翼結構亦十分簡單，在小型低速
   飛機上應用得較廣泛，如圖六十三（b）所示。

(3)開縫襟翼：開縫襟翼可分成單縫襟翼、雙縫襟翼以及多縫襟翼等幾種類型，單縫襟翼的外型如圖六十三（c）所示，這種襟翼的鉸接點位於機翼下的後方，當襟翼放下時，氣流會自襟翼與機翼之間形成的縫隙流過，除能增加機翼的彎度和攻角外，襟翼與機翼之間形成的縫隙還可使氣流由下翼面通過縫道流向上翼面，延遲氣流分離（失速現象）的發生，因此達到提高升力的效果。在有些高性能飛機上，襟翼由2～3個小翼片組成，襟翼下偏時可形成2～3個縫隙。我們稱之為雙縫襟翼和多縫襟翼。

(4)後退式襟翼（佛勒式襟翼）：後退式襟翼（佛勒式襟翼）在機翼後緣的下半部是活動的翼面，使用時，襟翼會沿著滑軌向後退，同時會向下偏移，如圖六十三（d），它一方面增加了機翼的彎度，同時也大大增加機翼後部的面積，所以其增加升力效率較高，有些後退式襟翼前緣與機翼後緣間可保持一定的縫隙，還能達到開縫襟翼的作用，在大中型飛機上採用較多，特別是在有些高性能飛機上，機翼厚度較薄，不便於採用複雜的雙縫和多縫襟翼時，亦可以採用較薄的後退式襟翼取代。現代大型的飛機所使用的襟翼多為佛勒式襟翼（後退式襟翼）型式的複式襟翼，且均有翼縫，來提高大型飛機機翼的升力。

3.**各種後緣襟翼升力與攻角的關係：**就如同前面所說，後緣襟翼因為增加升力的工作原理，造成增加升力的效果也就不同。在圖六十四，我們將前面所提及的各種後緣襟翼升力與攻角之關係圖列出，將可以使各位更能瞭解各種後緣襟翼的增升效果。

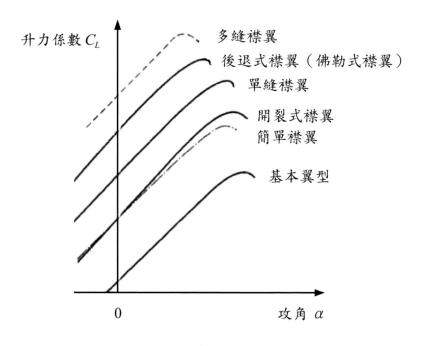

升力係數 C_L

多縫襟翼

後退式襟翼（佛勒式襟翼）

單縫襟翼

開裂式襟翼
簡單襟翼

基本翼型

0

攻角 α

圖六十四　使用前緣襟翼的C_L - α的關係示意圖

航空小常識

　　飛機使用後退式襟翼時提高升力時，由於所產生機頭下俯的力矩較大，所以設計時，必須要求飛機水平尾翼要有足夠大的平衡能力。

第二節　阻力

　　阻力是與飛機運動方向相反的空氣動力，它具有阻礙飛機前進的作用。一般而言，我們可把飛機飛行所承受的阻力分成摩擦阻力、形狀阻力、干擾阻力以及誘導阻力等四類，但是如果飛機飛行時的速度超過臨界馬赫數時，我們還必須考慮因為震波所造成的震波阻力。

一、次音速飛行所產生的阻力

　　次音速飛機飛行所產生的阻力依照其產生的不同原因可分為摩擦阻力、形狀阻力、干擾阻力以及誘導阻力等四類，說明如後。

（一）摩擦阻力

　　摩擦阻力是空氣與飛機表面摩擦所產生的阻力，如前面第三章所說，空氣是有黏性的，當它流過飛機表面時，就會產生一個阻滯飛機運動的力量，我們稱之為摩擦阻力。如圖六十五所示，空氣流過機翼表面時，會產生一個邊界層，在邊界層內空氣流速會受到空氣黏性的影響，因而導致摩擦阻力的產生。

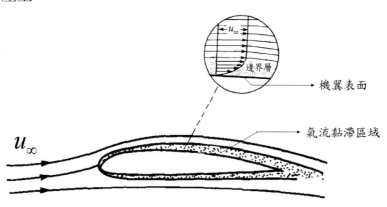

圖六十五　摩擦阻力的導致原因與範圍

　　飛機飛行所產生的摩擦阻力與飛機表面質量、飛機的表面面積以及飛機飛行的速度有關。飛機表面的表面粗糙度越大、飛機的表面面積以及飛機的速度越大，飛機飛行所產生的摩擦阻力也就越大，所以在航空設計時，我們非常注重飛機的表面質量，盡量做到表面平滑，以便將飛機的摩擦阻力降到最低。

（二）形狀阻力

形狀阻力是物體前後壓力差所引起的阻力，所以又叫做壓力（差）阻力。形狀阻力與物體的迎風面積（垂直於迎面氣流的正向截面積，如圖六十六所示）、速度以及外形有關。飛機的迎風面積與飛機的速度越大，飛機飛行時所產生的形狀阻力也就越大。但是飛機的形狀越是流線，飛機飛行所產生的形狀阻力也就越小。

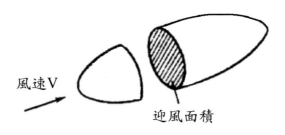

圖六十六　迎風面積示意圖

在航空應用中，我們在飛機設計時，盡可能地讓其流線化，以便減少飛機飛行的形狀阻力；當飛機降落時，將襟翼放下，藉以增加飛機的迎風面積來增加飛機飛行的形狀阻力，使得飛機可以減少降落滑行的距離。

（三）誘導阻力

1.定義：誘導阻力是隨著升力的產生而產生的，如果沒有升力，也就不存在誘導阻力，所以誘導阻力又稱為升力衍生阻力（感應阻力）。飛機的誘導阻力主要來自機翼。從圖六十七中，我們可以看出，當機翼產生升力時，機翼翼端的下表面的壓力因為比上表面的大，空氣會從壓力大往壓力小的方向移動，而從旁邊往上翻，所以在機翼的兩端產生渦流（翼尖渦流），因而產生阻力。

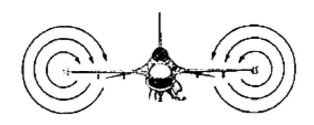

圖六十七　誘導阻力（翼尖渦流）形成原因的示意圖

　　當飛機接近地面時誘導阻力減少，翼端升力增大，所以可以延長飛機滑行的距離，這種效果叫做地面效應，越接近地面效應越明顯。

　　在日常生活中，我們可以觀察到翼尖渦流應用的現象。例如大雁南飛，常排成人字形或斜一字形，小雁又常位於外側。這是因為這兩種隊形便於後雁利用前雁翅梢處所產生的其尖渦流中的上升氣流，飛行起來比較省力，可以減輕長途飛行的疲勞。

2.影響誘導阻力的因素：根據誘導阻力係數公式 $C_{D,i} = \dfrac{C_L^2}{\pi \times e \times AR}$；在此，

　$C_{D,i}$是誘導阻力係數；π是圓周率（3.1416159）；C_L是升力係數，e是翼展效率因子，AR是展弦比。從誘導阻力係數公式：我們可以得知誘導阻力係數與機翼的平面形狀、展弦比與升力係數等因素有關。說明如後：

(1)在其他因素相同的條件（比如速度和升力）下，橢圓形機翼的誘導阻力最小（其翼展效率因子為1），矩形機翼的誘導阻力最大，梯形機翼的誘導阻力介於其中。橢圓形機翼的誘導阻力最小，但製造施工複雜，一般多使用梯形機翼。

(2)從誘導阻力係數中，我們可以得知展弦比越小，誘導阻力越大，展弦比越大，誘導阻力越小。在無限翼展的假設下（$AR \to 0$），誘導阻力為0。

3.翼尖渦流所引發的現象

(1)下洗氣流：如圖六十八所示，翼尖渦流會向後擴散，並因氣流旋轉的效應，產生一個向下的速度w，我們稱為下洗氣流。

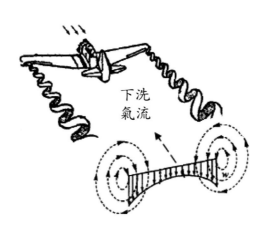

圖六十八　下洗氣流w的示意圖

　　從圖六十八中，我們可以看出：下洗氣流的速度w在翼尖的速度最大，延著機翼向翼根逐次遞減。

(2)**誘導攻角**：由於翼尖渦流所引發的下洗氣流，會導致機翼的有效攻角變小，而原本的攻角與有效攻角之差，我們稱之為誘導攻角。我們知道在飛機到達臨界攻角前，升力與攻角成正比，因為翼尖渦流會使有效攻角變小，相對的升力亦隨之變小。除此之外，當機翼的展弦比越大，則下洗氣流速度愈小，所以誘導攻角也就愈小，如圖六十九所示。

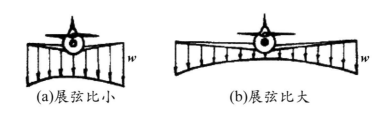

(a)展弦比小　　　　　　(b)展弦比大

圖六十九　　不同展弦比的下洗氣流

(3)**尾流效應**：如圖七十所示，翼尖渦流會向後擴散，跟在大飛機後面起降的小飛機，如果距離太近會被捲入大飛機留下翼尖渦流中，而發生墜機事故。大型噴射客機所產生的翼端渦流，其體積甚至可以超過一架小飛機，且留下的翼端渦流有時可以持續數分鐘仍不散去，這也就是機場航管人員管制飛機起降，通常要有一定隔離時間的原因。

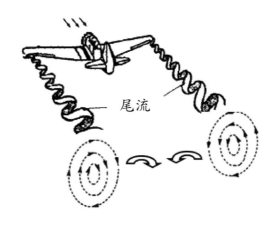

尾流

圖七十　　尾流效應的示意圖

(4)**翼尖失速**：如圖七十一所示，機翼的升力來自上翼面與下翼面的壓力差，但是在靠近翼尖處的氣流會產生翼尖渦流，所以靠翼尖處的氣流會比翼根處的氣流更不穩定，所以飛機在低速及高攻角時，機翼的翼尖會比翼根先由層流進入紊流，也就是機翼的翼尖會比翼根先產生失速，我們稱之為翼尖失速現象。

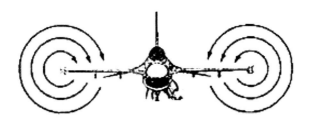

圖七十一　翼尖失速的原因示意圖

4.**誘導阻力的防制方法**：由於機翼的翼端部會因為上下壓力差，而產生誘導阻力，它會使阻力增加、升力減少以及引發尾流效應，所以航空界想盡方法欲減少或避免誘導阻力的發生，一般民航機使用的方式如圖七十二所示，列舉如下，：

(1)**翼端扭曲**：例如零式的主翼翼端比翼根帶-0.5度攻角。

(2)**翼端小尖**：設置在翼尖處，並向上翹起之平面，能透過改變翼尖附近的流場從而削減翼尖因上下表面壓力不同所產生之渦流。

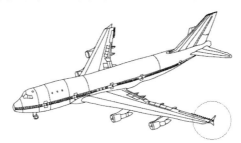

圖七十二　誘導阻力防制方法的示意圖

　航空小常識

　　使用翼端小尖會增加機翼根部的力矩，使機翼翼樑必須更加強化，同時又增加額外的重量（強化翼樑的結構重量與翼端小尖的重量）以及製造施工的複雜度，輕（小）型飛機因為速度低，而且受限於造價成本，還不如採用「增加展弦比」的方式來降低誘導阻力來得划算。

　　如前所述，誘導阻力係數公式為$C_{D,i} = \dfrac{C_L^2}{\pi \times e \times AR}$，式中AR就是展弦比。在飛機設計中，採取翼端扭曲或加裝翼端小尖的措施，使氣流繞翼尖的上下流動受到限制，其效應相當於增加了機翼的展弦比，展弦比愈大，誘導阻力就愈小。在戰鬥機的翼尖上加掛副油箱，也是相同的道理。

　　航空小常識

　　副油箱是指掛在機身或機翼下面的燃油箱，又稱為輔助燃料箱，副油箱是為了延伸飛機的航程或者是滯空時間，在空中加油技術普遍以前，這是唯一的途徑，而目前僅有軍用飛機使用。一般戰鬥機在遭遇敵機時，會立即扔掉副油箱，以便能以最好的機動性投入空中格鬥。

5.翼刀和鋸齒狀前緣的效應：後掠翼的機翼後掠，雖然可以延遲臨界馬赫
　數的發生，但是也由於機翼的向後傾斜，機翼上表面的氣流會自動流往
　翼尖方向，造成邊界層逐漸向翼尖堆積，因此造成大攻角的後掠翼會在
　翼尖處的氣流提前分離，而導致翼尖提前失速。為阻止大後掠翼提前產
　生翼尖失速，可採取以下幾種有效措施，說明如後。

(1)安裝翼刀：在後掠翼安裝一兩片一定高度的金屬薄片，也就是翼刀，
　　利用翼刀來阻攔氣流向翼尖的方向流動，如圖七十三(a)所示。

(2)在機翼前緣做成鋸齒狀：在飛機機翼的前緣做成鋸齒狀或開缺口，
　　利用鋸齒狀和缺口產生的渦流來阻攔氣流向翼尖的方向流動，如圖
　　七十三(b)與圖七十三(c)所示。

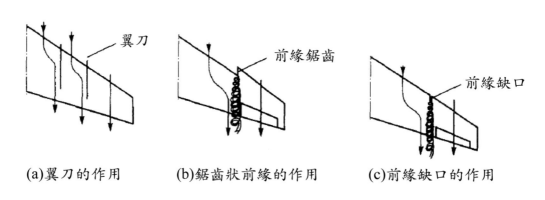

(a)翼刀的作用　　　　(b)鋸齒狀前緣的作用　　　(c)前緣缺口的作用

圖七十三　翼刀和鋸齒狀前緣效應的示意圖

（四）干擾阻力

所謂干擾阻力是指空氣流經飛機各組件的連接點時所衍生出來的阻力，在飛機飛行中，整架飛機的阻力往往大於機翼、機身、發動機、尾翼等所有組件分別在同樣氣流中所受到的阻力的總合，這是因為氣流流經飛機各組件時，在連接點的氣流會彼此干擾的緣故，機身與機翼和尾翼的接合部份以及機翼與其下方懸掛的副油箱或發動機吊艙都會產生干擾阻力，所以，通常我們會在飛機各組件的連接部份安裝安裝整流包皮，用來減小干擾阻力。

二、次音速飛行中寄生阻力及誘導阻力和速度之間的關係

如圖七十四所示，在次音速的速度飛行時，我們可把飛機飛行所承受的阻力分成摩擦阻力、形狀阻力、干擾阻力以及誘導阻力等四類，其中摩擦阻力、形狀阻力與干擾阻力合稱為寄生阻力，因此總阻力等於寄生阻力與誘導阻力的總合，也就是總阻力＝寄生阻力＋誘導阻力。在低次音速流場的阻力是以誘導阻力為主導，而高次音速流場的阻力是由寄生阻力決定，通常大約在馬赫數為0.5時，阻力最低，在臨界馬赫數時，阻力最高。

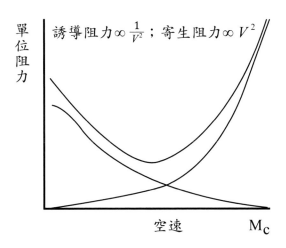

圖七十四　阻力種類與空速的示意圖

單位阻力　誘導阻力$\propto \frac{1}{V^2}$；寄生阻力$\propto V^2$

空速　M_c

三、震波阻力

　　就如同前面所說明一樣，如果飛機飛行時的速度超過臨界馬赫數時，我們還必須考慮因為震波所造成的震波阻力。圖七十五所示，飛機在到達臨界馬赫數時，由於震波出現，阻力係數（C_D）急速增加，超過音速後，由於通過音障，阻力係數又再次遞減，大約在馬赫數等於2時，阻力係數幾乎不變，但是根據阻力公式 $D = \dfrac{1}{2}\rho V^2 C_D S$，飛行阻力仍會隨著速度的增加而增加。

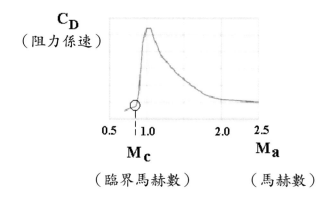

圖七十五　超音速飛行時，阻力與馬赫數的關係示意圖

第八章

飛機的平衡、穩定與操縱

第一節 飛機的運動

　　如圖七十六所示，飛機是三度空間的自由體，所以有六個自由度，簡單來說就是沿三個坐標軸的移動和繞三個坐標軸的轉動。飛機在空中的一切運動，無論怎樣錯綜複雜，我們都可以將其視為隨著飛機重心移動或是繞著飛機重心轉動的運動。

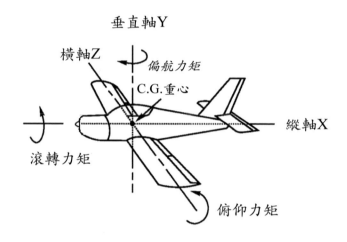

圖七十六　飛機飛行運動的六個自由度

　　在飛機飛行的運動中，飛機在縱向平面內的運動，通常稱為縱向運動。而飛機沿橫軸的移動和繞著縱軸的轉動，稱為橫向運動，飛機繞垂直軸的轉動稱為航向運動。

所謂飛機的平衡是指飛機所受到的所有之外力及力矩的總和為零，此時飛機為靜止或是作等速等高之穩定飛行。我們可從圖七十三中可以知道，當飛機處於平衡時，它必須要滿足以下條件：

$$\sum \vec{F}_i = 0 \ ;\text{在此 } i = x, y, z \text{。}$$

$$\sum \vec{M}_i = 0 \ ;\text{在此 } i = \text{俯仰, 偏航, 滾轉。}$$

也就是說：當飛機處於平衡狀態時，在縱軸、橫軸以及垂直軸所受的外力總合均為0；除此之外，飛機所受的俯仰力矩、偏航力矩以及滾轉力矩的力矩總合也必須都是0。

飛機的平衡問題，歸結為縱向平衡、橫向平衡和航向平衡的問題，說明如後：

一、縱向平衡

飛機在縱向平面內做等速直線飛行，並且不會繞著橫軸轉動的運動狀態，我們稱之為縱向平衡。也就是：

$$\sum \vec{F}_{x,i} = 0 \ ; \ \sum \vec{F}_{y,i} = 0 \ ; \ \sum \vec{M}_{\text{俯仰}} = 0 \ ，\text{在此 } i = 1,2,3\ldots\ldots n \text{。}$$

因此，飛機要達到縱向平衡的運動狀態，必須滿足縱軸與垂直軸所受合力為0以及俯仰力矩的合力矩為0的條件。

二、橫向平衡

飛機做等速度飛行，並且不會繞著縱軸轉動的運動狀態，我們稱之為橫向平衡。也就是：

$$\sum \vec{M}_{\text{滾轉},i} = 0 \ ，\text{在此 } i = 1,2,3\ldots\ldots n \text{。}$$

因此，飛機要達到橫向平衡的運動狀態，必須滿足滾轉力矩的合力矩為0的條件。

三、航向平衡

　　飛機做等速度飛行，並且不會繞著垂直軸轉動的運動狀態，我們稱之為航向平衡，又叫方向平衡。也就是：

$$\sum \vec{M}_{偏航,i} = 0 \quad, 在此 \ i = 1,2,3........n 。$$

　　因此，飛機要達到橫向平衡的運動狀態，必須滿足偏航力矩的合力矩為0的條件。

第三節　飛機的穩定性

　　飛機在飛行的過程中，常常會碰到一些偶然、突發與瞬時的因素，例如陣風的擾動，駕駛員很難加以掌控，此時會影響預定任務的完成和飛行安全，因此飛機在設計時就提出了穩定性的要求。

一、穩定性的定義

　　所謂飛行穩定的定義是指飛機在受到擾動之後，能夠產生一股力量，且很快地使之恢復原狀的趨勢。為了安全的飛行，任何飛行物體都必須具備穩定的性質，藉由不同性能的設備及駕駛員的操作可以使飛行物由不穩定的狀況回復到穩定的情況。穩定的情況可分成靜態穩定與動態穩定，說明如後。

二、靜態穩定

　　如果物體擾動取消後，具備恢復到原來平衡狀態的趨勢，我們稱之為正性穩定，如圖七十七（a）所示，圓球在弧形槽內經過若干次的來回擺動，最後會回到原來的平衡位置，也就是弧形槽的最低處，這種現象就是正性靜態穩定或乾脆稱之為靜態穩定。如果物體擾動取消後，不具備恢復到原來平衡狀態的趨勢，我們稱之為負性靜態穩定或乾脆稱之為靜態不穩定，如圖七十七（b）所示，圓球在擾動取消後，會沿著弧形波道下滑，根本不可能回到原來的平衡位置，也就是弧形波道的最高處，這種現象就是靜態不穩定。在飛機設計中，我們希望飛機在陣風的擾動後，飛機會回到飛機能原來的平衡位置，以達成預定任務和維護飛行安全。因此靜態穩定是飛機設計要求中，非常重要的一個項目。

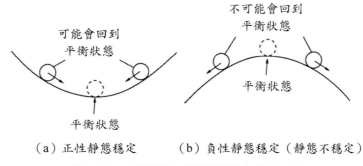

（a）正性靜態穩定　　　（b）負性靜態穩定（靜態不穩定）

圖七十七　靜態穩定與靜態不穩定的示意圖

三、動態穩定

　　飛機在受到陣風的擾動後恢復到原來平衡位置的過程中，會產生振動。如果飛機有能力讓這些初始振動的振幅隨時間增長而消失或減小，我們稱之為正性動態穩定，如圖七十八（a）所示，如果振幅隨時間之增長而保持不變，則稱之為中性動態穩定，如圖七十八（b）所示，如果隨時間而漸增大則稱之為負性動態穩定，如圖七十八（c）所示。

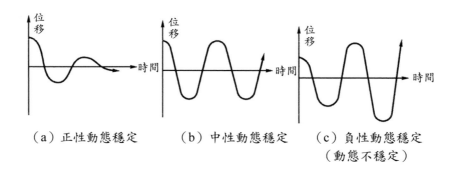

（a）正性動態穩定　　　（b）中性動態穩定　　　（c）負性動態穩定
　　　　　　　　　　　　　　　　　　　　　　　　　（動態不穩定）

圖七十八　動態穩定與動態不穩定的示意圖

四、保持靜態穩定的方法

如前面所敘述的一樣，我們通常將飛機的穩定性分成靜態穩定和動態穩定。如果飛機受到外界暫態擾動的作用下而偏離平衡狀態時，在最初瞬間所產生的是恢復力矩，使飛機具有自動恢復到原來平衡狀態的趨勢，則稱此飛機具備靜態穩定的特性。但是如果飛機受到外界暫態擾動後，所產生的是不穩定力矩，則飛機就不可能具備自動恢復到平衡狀態的趨勢，也就是說我們稱此飛機不具備靜態穩定的特性。

從上面敘述中，我們知道飛機具備靜態穩定的特性，只是表示飛機在受到外界擾動時，有自動恢復到平衡狀態的趨勢。並不能表示飛機在整個穩定的過程中，最後一定能夠恢復到原來的平衡狀態。研究飛機在外界暫態擾動作用下，整個擾動運動過程的問題，最後是否能夠回到原來的平衡狀態，我們稱為飛機的」動穩定性」問題。飛機的靜態穩定和動態穩定之間有著非常密切的關係。一般來說，如果飛機具備良好靜態穩定性能，就能保證獲得良好的動態穩定特性。由於飛機的動態穩定性非常複雜，所以本章節主要介紹飛機的靜態穩定特性的問題，也就是飛機保持靜態穩定的方法。

飛機的靜態穩定性問題，歸結為縱向靜態穩定、橫向靜態穩定以及航向靜態穩定的問題，說明如後：

（一）縱軸穩定

1. 定義：飛機在飛行中，如果受到偶然、突發與瞬時的微小擾動，而使飛機偏離原先的縱向平衡狀態，也就是使飛機產生俯仰（飛機的機頭向上或向下移動）的情況，但是在擾動去除後，飛機能夠不經駕駛員的操縱就具有自動地恢復到原來平衡狀態的趨勢，則稱此飛機具有縱向靜態穩定的特性。

2. 保持縱向靜態穩定特性的方法與原理：讓飛機具備縱軸穩定的方法計有水平安定面與調整飛機的配重等方法。其原理說明如下：

(1) 水平安定面：如圖七十九所示，當飛機受到陣風擾動而產生下俯（飛機的機頭向下移動）的狀態，則因為相對風（與飛機行徑路徑反方向的氣流）撞擊水平安定面的上表面，而產生一個使機頭上仰的力矩（恢復力矩），而使飛機具備自動恢復到平衡狀態的趨勢。

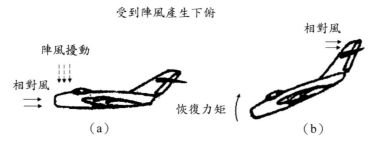

圖七十九　水平安定面在飛機下俯產生靜態平衡的原理

同理，如圖八十所示，當飛機受到陣風擾動而產生上仰（飛機的機頭向上移動）的狀態，則因為相對風（與飛機行徑路徑反方向的氣流）撞擊水平安定面的下表面，而產生一個使機頭下俯的力矩（恢復力矩），而使飛機具備自動恢復到平衡狀態的趨勢。

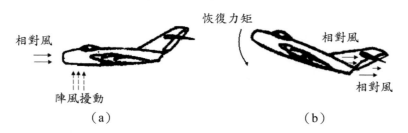

圖八十　水平安定面在飛機下俯產生靜態平衡的原理

(2)**調整飛機的配重**：如圖八十一所示，傳統飛機的穩定性設計，是使飛機的空氣動力中心（或升力中心）作用於飛機的重心後面，如此的設計可使飛行攻角增大，升力增加的同時，飛機隨即產生一個」下俯」的力矩，以穩定飛行姿態避免飛機攻角持續增大，如此的設計可使當飛機飛行的攻角增大，升力增加時，有回到原來的平衡狀況的趨勢。

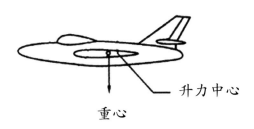

升力中心

重心

圖八十一　靜態平衡設計下重心與升力中心的位置關係

航空小常識

　　由於民航機的主要訴求是希望讓旅客享受穩定、安全與舒適的航程，所以在縱軸穩定性的設計，是使重心在升力中心之前，讓飛機在受到陣風干擾而使飛行攻角增大時，可以使飛機隨即產生一個」下俯」的力矩，以穩定飛行姿態避免飛機攻角持續增大，產生失速的危險。除此之外，並利用控制面所附加的補助力，讓飛機在恢復到原來平衡位置的過程中所產生振動儘速地衰減後消失，藉以避免旅客因為長時間上下振動，而感覺不適，這就是短期俯仰振盪（SPPO）的原理，其目的是希望在確保飛機在縱軸的靜態穩定的情況下，快速達到縱軸的動態平衡。戰鬥機由於強調飛機飛行的機動性，所以在飛機設計時，反而是要求重心在升力中心之後。

（二）橫軸穩定

1.定義：飛機在飛行中，如果受到偶然、突發與瞬時的微小擾動，而使飛機偏離原先的橫向平衡狀態，也就是使飛機產生滾轉（機身的翻轉運動）的情況，但是在擾動去除後，飛機能夠不經駕駛員的操縱就具有自動地恢復到原來平衡狀態的趨勢，則稱此飛機具有橫向靜態穩定的特性。

2.保持橫軸靜態穩定特性的方法與原理：讓飛機具備縱軸穩定的方法計有上反角與後掠角等方法。其原理說明如下：

(1)上反角：如圖八十二所示，所謂上反角是指機翼的側角對水平方向而言，「正上反角」是翼尖高於翼根的水平面，如圖八十二（a）所示；而「負上反角」是翼尖低於翼根的水平面，如圖八十二（b）所示，上反角的角度增加時，機翼上的升力會變小。

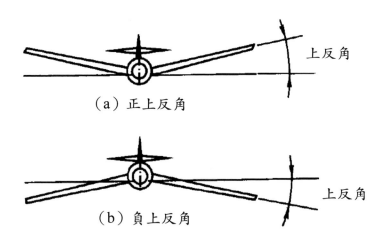

（a）正上反角

（b）負上反角

圖八十二　上反角正負示意圖

如圖八十三所示，當飛機受到陣風擾動而產生向左滾轉的狀態。此時，因為右側機翼上反角的增加，而導致右邊的升力減低，而左側的機翼因為上反角減少而導致左邊的升力增加，由於兩側的升力差，所以會使機身產生一個向右旋轉的力矩（恢復力矩），而使飛機具備自動恢復到平衡狀態的趨勢。

受到陣風向左滾轉

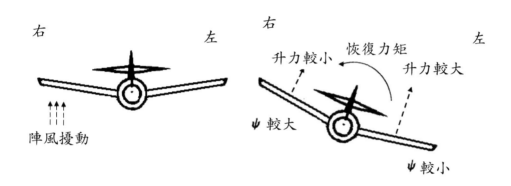

圖八十三　上反角在飛機滾轉產生靜態平衡的原理

(2)**後掠角**：如圖八十四所示，當飛機受到陣風擾動而產生向右滾轉的狀態。此時，因為氣流對右側機翼的有效分速（垂直機翼的分速較大，而導致右邊的升力較大，由於兩側的升力差，所以會使機身產生一個向左旋轉的力矩（恢復力矩），而使飛機具備自動恢復到平衡狀態的趨勢。

受到陣風向右滾轉

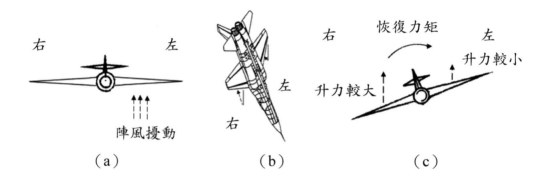

（a）　　　　　　（b）　　　　　　（c）

圖八十四　後掠角在飛機滾轉產生靜態平衡的原理

（三）航（方）向穩定

1. **定義**：飛機在飛行中，如果受到偶然、突發與瞬時的微小擾動，而使飛機偏離原先的航向的平衡狀態，也就是使飛機產生偏航（飛機的機頭向左或向右移動）的情況，但是在擾動去除後，飛機能夠不經駕駛員的操縱就具有自動地恢復到原來平衡狀態的趨勢，則稱此飛機具有航向靜態穩定的特性。飛機偏離原先的航向的產生的角度差，我們稱之為側滑角。

2. **保持航（方）向靜態穩定特性的方法與原理**：讓飛機具備縱軸穩定的方法計有垂直安定面與後掠角等方法。其原理說明如下：

   (1) **垂直安定面**：如圖八十五所示，當飛機受到陣風擾動而向右偏航（飛機的機頭向右移動）的狀態，則因為相對風（與飛機行徑路徑反方向的氣流）撞擊垂直安定面左面，而產生一個使機頭向左的力矩（恢復力矩），而使飛機具備自動恢復到平衡狀態的趨勢。

受到陣風擾向右偏航

圖八十五　垂直安定面在飛機偏航產生靜態平衡的原理

(2)**後掠角**：如圖八十六所示，當飛機受到陣風擾動而向右偏航（飛機的機頭向右移動）的狀態，因為後掠角的緣故，當飛機右偏時，右翼受力面積較小，所以阻力較小，左翼受力面積大，所以阻力較大，由於兩側的阻力差，所以會讓機頭產生一個向左的力矩（恢復力矩），而使飛機具備自動恢復到平衡狀態的趨勢。

受到陣風擾向右偏航

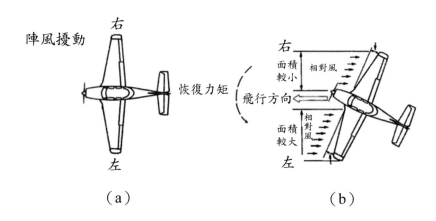

（a）　　　　　　　　　　　　（b）

圖八十六　後掠角在飛機偏航產生靜態平衡的原理

飛機不僅應有自動保持其原有平衡狀態的穩定性，而且，由於執行任務和飛行階段的不同，飛機不可能始終用一種平衡狀態飛行，還需要經常地改變自己的飛行狀態，這就要求飛機還要能操縱。所謂飛機的操縱性.就是指飛機在駕駛員操縱下，改變其飛行狀態的特性。

一、飛機的操縱性與穩定性的關係

飛機操縱性的好壞與飛機穩定性的大小有密切關係，穩定性太大，也就是說飛機保持原有飛行狀態的能力越強，則要改變它也就越不容易，操縱起來也就越費勁。反之，如果穩定性過小，則飛機的機動性過大，所以駕駛員很難掌控。

很穩定的飛機，操縱往往不靈敏；操縱很靈敏的飛機，則往往不太穩定。一般來說，對於戰鬥機而言，操縱必須很靈敏，而對於民用客機來說，則應有較高的穩定性，在設計飛機時，穩定性與操縱性應該要綜合考慮，才可以獲得最佳的飛機性能。

二、飛機的控制面

在飛機的操縱運動中，歸結為縱向操縱、橫向操縱以及航向操縱的問題，縱向操縱是讓飛機的機頭上下移動，我們稱之為俯仰運動，如圖八十七（a）所示。橫向操縱則是讓飛機的機身翻轉，我們稱之為滾轉運動，如圖八十七（b）所示。航向操縱則是讓飛機機頭的左右移動，我們稱之為偏航運動，如圖八十七（c）所示。

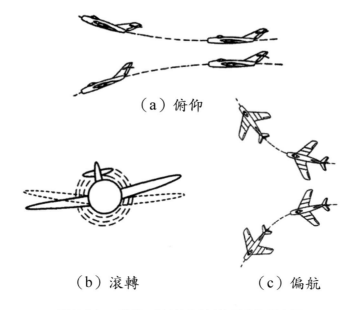

（a）俯仰

（b）滾轉　　　　　（c）偏航

圖八十七　俯仰、滾轉以及偏航運動的示意圖

　　飛機的飛行狀態，主要是通過升降舵、方向舵以及副翼三個控制面來操縱，我們稱這些控制面為主要操縱系統，如圖八十八所示。

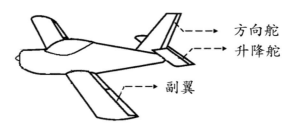

圖八十八　飛機操縱控制面的位置示意圖

　　其中升降舵是用來控制飛機的俯仰運動，方向舵是用來控制飛機的偏航運動，副翼是用來控制飛機的滾轉運動。

三、飛機在飛行狀態的操縱

飛機的飛行狀態主要是駕駛員通過操縱設備（如駕駛杆、腳踏板和氣動舵面等）來改變，在飛機的操縱運動中，歸結為縱向操縱、橫向操縱以及航向操縱三大類，說明如後：

（一）縱向操縱

縱向操縱是讓飛機的機頭上下移動，我們又稱之為俯仰運動。在飛機飛行的過程中，飛行員向後拉駕駛杆，經傳動機構傳動，升降舵便向上偏轉，使機頭上仰。反之，如果飛行員向前推駕駛杆，則升降舵向下偏轉，則使機頭下俯。

（二）橫向操縱

橫向操縱是讓飛機的機身翻轉，我們又稱之為滾轉運動。在飛機飛行的過程中，飛行員向右壓駕駛杆，經傳動機構傳動，則右邊副翼向上偏轉，左邊副翼向下偏轉，使飛機向右滾轉。反之，如果飛行員向左壓駕駛，則左邊副翼向上偏轉，右邊副翼向下偏轉，使飛機向左滾轉。

（三）航向操縱

航向操縱是讓飛機的機頭向左或向右移動，我們又稱之為偏航運動。在飛機飛行過程中，如果飛行員向前蹬左腳踏板，則方向舵向左偏轉，飛機向左偏航。如果飛行員向前蹬右腳踏板，則方向舵向右偏轉，飛機向右偏航。

四、飛機操縱的制動原理

飛機操縱的制動原理，我們一般用柏努利定律（$P_1 + \frac{1}{2}\rho V_1^2 = P_2 + \frac{1}{2}\rho V_2^2$）來解釋，如圖八十九所示，我們將在其後一一說明。

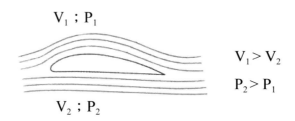

圖八十九　柏努利定理解釋飛機操縱制動原理的示意圖

（一）縱向（俯仰）運動

如圖九十所示，如果飛機欲執行上仰運動時，升降舵向上偏轉，由於升降舵上表面的速度比下表面的速度較慢，所以升降舵上表面的壓力比下表面的壓力較大，所以對飛機尾端產生一個向下壓的力量。因此對飛機機頭產生一個上仰力矩，帶動飛機機頭上仰。

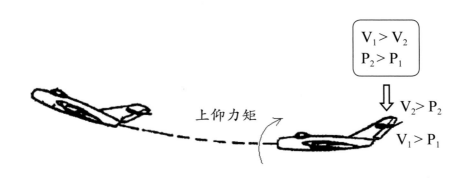

圖九十　飛機執行上仰運動制動原理的示意圖

反之，如果飛機欲執行下俯運動，則升降舵必須向下偏轉，藉以對飛機機頭產生一個下俯力矩，帶動飛機機頭下俯。

（二）橫向（滾轉）運動

如圖九十一所示，如果飛機欲執行向右滾轉運動，則右邊副翼向上偏轉，左邊副翼向下偏轉，因為柏努利定律，右側機翼會產生一個向下壓的力量，左側機翼會產生一個向上舉的力量，因此會產生一個向右滾轉的力矩，帶動飛機機身向右翻轉。

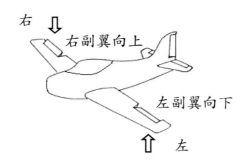

圖九十一　飛機執行向右滾轉制動原理的示意圖

反之，如果飛機欲執行向左滾轉運動，則左邊副翼必須向上偏轉，右邊副翼必須向下偏轉，藉以對飛機機身產生一個向左滾轉的力矩，帶動飛機機身向左翻轉。

（三）航向（偏航）運動

如圖九十二所示，如果飛機欲執行向左偏航的運動時，方向舵向左偏轉，由於方向舵左面的速度比右面的速度較慢，所以方向舵左面的壓力會比右面的壓力較大，所以對飛機尾端產生一個向右推的力量。因此對飛機機頭產生一個向左偏轉的力矩，帶動飛機機頭向左偏航。

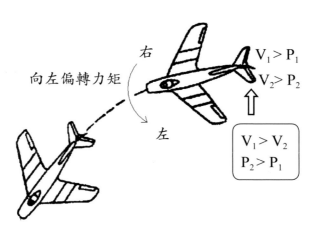

圖九十二　飛機執行向右滾轉制動原理的示意圖

反之，如果飛機欲執行向右偏航的運動時，方向舵向必須向右偏轉，藉以對飛機機頭產生一個向右偏轉的力矩，帶動飛機向右偏航。

由於民航機的主要訴求是希望讓旅客享受穩定、安全與舒適的航程，如果客機在空中翻轉，在內的旅客一定會覺的不舒服，所以民航機的副翼多被當做襟翼使用，以便飛機在起飛和降落的階段，用來提高升力或增加阻力，藉以減少飛機起飛和降落滑行的距離。

第九章

飛機飛行的主要項目與儀表

飛機由於執行任務和飛行階段的不同,不可能始終用一種平衡狀態飛行,必須要經常地改變自己的飛行狀態。除此之外,必須借重各種儀表來維持航向和飛行姿態正確,並確保飛航安全。

第一節 飛機飛行的主要項目

常見的飛機飛行包括飛機的起飛、巡航、盤旋以及著陸等幾個項目,說明如後。

一、飛機的起飛過程

飛機從靜止開始滑行、離開地面,並上升到安全高度的加速運動過程,叫做起飛過程。飛機離地升空需要足夠的升力;要獲得足夠的升力,就需要通過加速滑行來增加飛機的速度。因此,飛機的起飛是一個不斷增加速度和高度的運動過程。現代噴氣式飛機的起飛過程分成:(一)地面加速滑行階段(二)加速上升到安全高度階段,如圖九十三所示,說明如後。

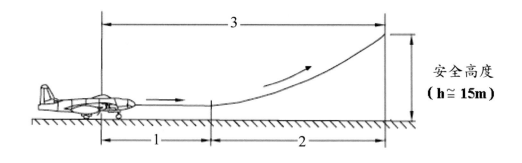

1.地面滑行;2.加速爬升;3.起飛距離

圖九十三　飛機起飛過程的示意圖

（一）地面加速滑行階段

開始時，飛機在起飛線上，駕駛員踩住剎車，柔和地把油門推到最大的位置，然後鬆開剎車，飛機開始加速滑行，當飛機加速一定速度時，駕駛員必須向後拉駕駛桿抬高前輪，增大迎角，以主輪著地的方式繼續加速前進，當達到離地速度時，升力大於重力，飛機便離地凌空。接著向前稍微推駕駛桿，保持小角度上升即轉入第二階段。

（二）加速上升到安全高度階段

為了減小阻力，離地約10公尺時，就可以收起起落架。當飛機上升到一定高度（安全高度，約15公尺）時，便是起飛過程的結束。

飛機在地面加速滑行與加速上升到安全高度兩個階段所飛越的地面的距離，就是起飛距離。飛機的起飛距離越短越好，以便減少跑道的長度，降低建築機場的費用，對於軍用飛機來說，可使軍用飛機更快地升空作戰。為了縮短起飛距離，可以加大發動機的功率或推力，還可以採用增升裝置，提高升力，使飛機迅速起飛。

航空小常識

飛機的起飛距離除了與飛機的機型與發動機的推力有關，還與飛機起飛時的密（溫）度有關。一般而言，起飛距離與飛機起飛時的密度平方成反比，也就是$\propto \frac{1}{\rho^2}$。

夏天溫度高，空氣密度小，起飛距離大。反之，冬天溫度低，空氣密度大，起飛距離小。

（三）失速攻角、失速速度與起飛速度

1. **失速攻角的定義：** 飛機的攻角到達某一度數時，機翼會開始產生流體分離現象，造成飛機失速，我們稱此一攻角的度數值為臨界攻角或失速攻角。除此之外，我們也可定義失速攻角所對應的升力係數為最大升力係數，如圖九十四所示。

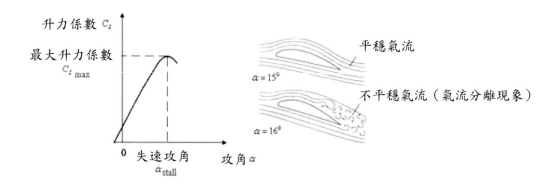

圖九十四　失速攻角與最大升力係數的定義

航空小常識

在傳統的飛行理論中，飛機的攻角是不能夠超過失速攻角的，否則就會失速，導致飛機墜毀。隨著現代航空科技的發展，戰鬥機通過採用推力向量技術等方法，已經使飛機有可能超過失速攻角飛行了，我們稱之為過失速機動，所謂過失速機動就是要求飛機在超過自身失速迎角的大迎角狀態下，對飛機的姿態做出調整，從而達到瞬間改變敵我態勢的目的的一種機動形式。當然，如前所述，由於民航機的主要訴求是希望讓旅客享受穩定、安全與舒適的航程，所以不可能設置過失速機動設備以及做過失速機動的飛行動作。

2.失速速度的定義：所謂失速速度是指飛機產生失速現象時，所對應的飛行速度，在此情況下，升力等於重力（L=W），升力係數為最大升力係數。因此失速速度的計算公式為 $V_{Stall} \equiv \sqrt{\dfrac{2W}{\rho C_{L\max} S}}$

3.起飛速度（VTO）：法規規定，為安全起見，飛機起飛（takeoff）速度必須大於失速速度的1.1倍，但若飛機的起飛速度（VTO）為失速速度的1.1倍，則升力等於重力，即無法將平行的飛機自跑道的拉起，轉向至爬升角度，故飛機的起飛速度為失速速度的1.2倍。

航空小常識

　　法規規定，為安全起見，飛機起飛速度（VTO）必須大於失速速度的1.1倍，因為升力與速度的平方成正比，所以起飛攻角為失速攻角的1/1.21=0.8。

二、飛機的巡航過程

（一）定義

如圖九十五所示，所謂巡航是指飛機爬升到一定高度（巡航高度）時就收小油門，轉為水平飛行，我們又稱之為平飛。如圖九十二所示，飛機沿著預定航線飛行，$L_{上升}$、$L_{巡航}$以及$L_{下滑}$的總合即為飛機的航程。也就是飛機的航程＝$L_{上升}$＋$L_{巡航}$＋$L_{下滑}$。

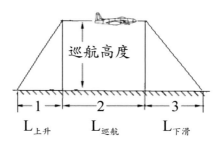

1.上升；2.巡航；3.下滑

圖九十五　飛機的巡航狀態示意圖

如圖九十六所示，飛機處於巡航狀態時，升力等於重力，推力等於阻力，也就是$L＝W$；$T＝D$，此時飛機會保持平穩、等高以及等速飛行之狀態。

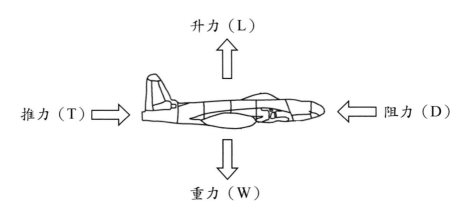

圖九十六　飛機的巡航狀態受力情況示意圖

（二）巡航速度

所謂巡航速度是指發動機在每公里消耗燃油最少的情況下飛機的飛行速度。在巡航速度狀態的飛行最經濟而且飛機的航程最大。因為在巡航狀態下，升力等於重力，所以根據升力公式 $L = W = \frac{1}{2}\rho V^2 C_L S$，因此我們可以得出巡航速度為 $V = \sqrt{\dfrac{2W}{\rho C_L S}}$

一般人會認為巡航高度是固定不變的，其實不然。巡航高度會隨著緯度和季節的變化而變化。除此之外，巡航高度會隨著飛機飛行時間的增加而逐漸升高，這是因為飛機的油量會隨著飛行時間的增加而減少，因此飛機的總重量降低，為保持飛機受力平衡（升力等於重力），所以飛機的巡航高度會隨著飛機飛行時間的增加而逐漸升高。

三、飛機的盤旋運動

（一）定義

　　如圖九十七所示，飛機在水平面內所作的等速圓周飛行叫做盤旋，通常把坡度小於45度的盤旋，叫小坡度盤旋；大於45度的盤旋叫大坡度盤旋（坡度即指飛機傾斜的程度）。盤旋一週所需的時間以及盤旋半徑愈小，則飛機的盤旋性能愈好。飛機在作盤旋飛行時，特別是作大坡度盤旋時向心力大，向心加速度大，因此產生的慣性力大，因此，飛機在做盤旋飛行時，飛機上所受的載荷會比穩定飛行時大很多，這也就是旅客在民航客機盤旋時，會感受到較大重力的原因。

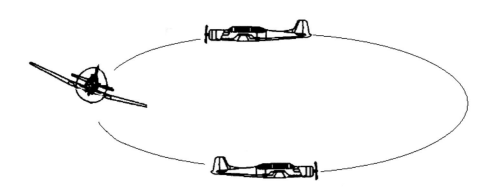

圖九十七　飛機的盤旋運動的示意圖

（二）盤旋時機

　　飛機在1.濃霧視線不佳看不清降落跑道2.機場跑道有飛機未離開3.機場跑道有障礙物未清除4.未接獲塔臺通知降落的情況無法降落，只好在空中盤旋，等待塔臺管制人員通知降落。

　　由於飛機在盤旋時，會放下副翼或襟翼，藉以提高升力，所以飛機在盤旋時不會掉落。

四、飛機的著陸過程

　　飛機從15公尺的安全高度下滑時，發動機處於慢車（發動機的轉速為最小轉速）的工作狀態，襟翼偏到最大偏度，起落架放下，飛機接近於等速直線下滑（下滑階段）。當離地不高時，駕駛員應將飛機拉平（拉平階段），然後保持在離地1公尺左右進行平飛減速（平飛減速階段）。在離地很近時（約0.2公尺），飛機已接近護尾攻角狀態，攻角不能再繼續增加，隨著飛行速度的繼續降低，升力不足以平衡飛機重量，於是飛機就飄落以主輪接地（飄落階段），此時對應的速度就叫做著陸接地速度。飛機接地後，駕駛員繼續保持兩點滑跑姿態。以充分利用空氣阻力使飛機減速。當減至一定速度時，駕駛員推桿使前輪著地進行三點滑跑，並且使用機輪剎車等使飛機繼續減速，直到飛機完全停止為止。綜合上面說明，我們知道：飛機的整個著陸過程通常由下滑、拉平、平飛減速、飄落和地面減速滑跑等5個階段組成，如圖九十八所示。

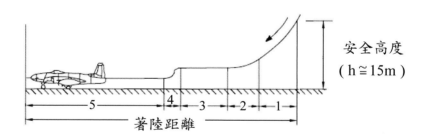

1.下滑階段；2.拉平階段；3.平非減速階段；
4.飄落階段；5.著路滑跑階段

圖九十八　飛機著陸過程的示意圖

　　法規規定，為安全起見，飛機的觸地速度（VTD）必須大於失速速度的1.15倍。為安全起見，通常為失速速度的1.3倍。

第二節 飛行儀表

飛行儀表主要檢測飛機飛行的參數，包括飛行速度、飛行高度、升降速度以及飛機姿態角（俯仰角、滾轉角和側滑角）。在此介紹幾個常見的飛行儀表：空速表、高度表、升降速率表、全姿態指示器以及大氣資料系統。其中空速表和氣壓式高度表在飛機飛行中僅作應急儀表之用，說明如後。

一、空速表

（一）工作原理

空速表是利用柏努利原理（$P + \frac{1}{2}\rho V^2 = P_t$）來測量飛機的飛行速度，如圖九十九所示，空速表的原理是用空速管迎氣流的管口收集氣流的全壓，用空速管尾部的一圈小孔收集大氣靜壓的，將收集來的全壓和靜壓分別輸入膜盒內外，壓力差促使膜盒變形，帶動指標偏轉，即可測出飛機的速度。也就是 $V = \sqrt{\dfrac{2(P_t - P)}{\rho}}$，如圖九十九所示。

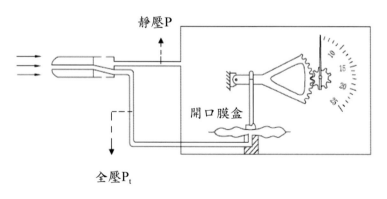

靜壓P

開口膜盒

全壓P_t

圖九十九　空速表的原理示意圖

空速表是利用所收集氣流的全壓和靜壓差，轉換為飛機的指示空速，駕駛員在飛行中瞭解指示空速主要是為了防止飛機失速，以保證飛行安全。

（二）空速分類

空速分成指示空速、校準空速、當量空速以及真實空速四種，說明如下：

1. 指示空速（IAS）：空速表量測出來的是指示空速，它是利用所收集氣流的全壓和靜壓差，利用柏努利原理轉換成指示空速，駕駛員在飛行中瞭解指示空速主要是為了防止飛機失速，以保證飛行安全。

2. 校準空速（CAS）：由於安裝在飛機上一定位置的總、靜壓管處的氣流方向會隨著飛機的具體型號和攻角而改變，影響了總、靜壓測量的準確度，所以必須修正，校準空速是即是在指示空速數值經過位置誤差修正後的空速表讀數。

3. 當量空速（EAS）：是校準空速數據在經過具體高度的絕熱壓縮流修正後的空速表讀數。

4. 真實空速（TAS）：由於空速表的刻度盤是按照海平面標準大氣狀態所標定的，隨着飛行高度改變，空氣密度也會相應改變，所以必須用現有高度的密度修正當量空速，修正後的速度即為真實空速。

事實上許多航空書籍多將空速分成指示空速與真實空速二種，因為空速表顯示的是指示空速，大氣資料系統計算出來的是真實空速。

二、氣壓高度表

（一）飛行高度的分類

　　飛機的飛行高度是指飛機的重心在空中相對於某一基準平面的垂直距離.按照所選的基準平面的不同，飛行高度可分為：

1.絕對高度：選實際海平面為基準面，飛機重心在空中距離實際海平面的垂直距離。

2.相對高度：選某一指定參考面（例如起飛或著陸機場的地平面）為基準面，飛機的重心在空中距離與所選參考面的垂直距離。

3.真實高度：選飛機正下方的地面目標的最高點且與地平面平行的平面為基準平面，飛機的重心在空中距離此平面的垂直距離。

4.標準氣壓高度：選標準海平面為基準面（國際標準局規定標準海平面的大氣壓力為101.325 kPa），飛機的重心在空中距離標準海平面的垂直距離。

　　飛機在起飛、著陸飛行時需要相對高度；在執行搜索、轟炸、照相和救援等任務時需要真實高度；空中交通管制分層飛行時需要標準氣壓高度。

（二）工作原理

　　飛機上最常用的測高方法是氣壓測高和無線電測高二種，在本部份主要介紹的是氣壓測高方法。氣壓高度表的原理是大氣的壓力是會隨著高度變化而改變，所以一定的靜壓即代表一定的高度。氣壓高度表將收集來的靜壓輸入真空膜盒外，靜壓的變化會引起膜盒變形，帶動指標偏轉，而指出相應的飛機高度，如圖一○○所示。

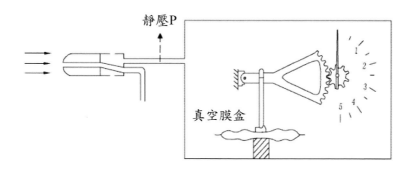

圖一○○　氣壓高度表的原理示意圖

　　氣壓高度表所量測的是絕對高度，也就是從海平面到飛機的高度，而不是指飛機地面的相對高度（例如飛機與起飛或著陸機場間的垂直距離）。相對高度可用無線電高度表來量測。

三、升降速率表

　　升降速率表的功用是測量飛機外大氣壓力變化的速率，藉以顯示飛機爬升及下降的情形。其原理是靜壓通過粗細不同的管道分別輸入膜盒內外，當飛機上升或下降時，盒內氣壓隨高度同步變化，而通過毛細管進入膜盒外的氣壓由於毛細管的阻滯作用。變化緩慢且不能同步。因此，膜盒內外壓力不等，所以會帶動指標向上或向下偏轉，指示飛機正在上升或是正在下降，這就是升降速度表的原理，如圖一○一所示。

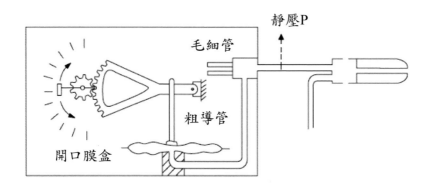

圖一○一　升降速率表的原理示意圖

四、全姿態指示器

　　全姿態指示器是航向姿態系統的顯示器，綜合顯示了飛機的俯仰角、航向角和傾側角。如圖一○二所示，全姿態指示器的顯示部分主要由球形刻度盤、小飛機標誌和刻度指標等組成。球形刻度盤上有經線和緯線。經線上有航向刻度讀數，緯線上有俯仰刻度。刻度盤上半球塗成淺色，以示天空，下半球塗成深色，以示地面。上下半球之間的分界線是人工地平線。小飛機標誌固定在表殼上。全姿態陀螺儀輸出的航向角、俯仰角和傾側角信號通過全姿態指示器內的三套交流伺服系統使球形刻度盤和傾側指標轉動。飛機全姿態以小飛機標誌的中點作為判讀點，由相對於刻度盤經線的位置讀取航向角，相對於刻度盤緯線的位置讀取俯仰角；根據傾側指標相對於殼體面板上傾側刻度的位置讀取傾側角。除此之外，指示器還接受速率陀螺輸出的飛機轉彎速率信號，根據轉彎指標相對於轉彎刻度的位置判讀飛機有無轉彎、轉彎方向和速率大小，並根據側滑儀來判斷飛機有無側滑。

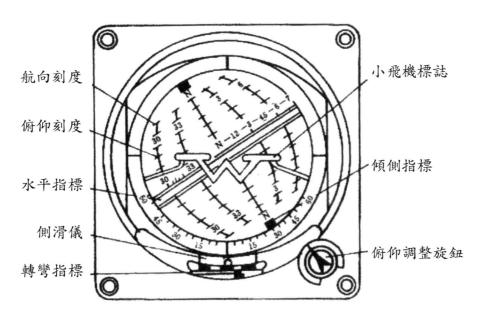

圖一○二　全姿態指示器的外觀示意圖

五、大氣資料系統

　　現代飛機的飛行控制系統以及空中交通管制系統都需要準確的總壓、靜壓、溫度、高度、高度變化率、高度偏差、空速和空氣密度等資訊，而這些參數都是空氣的總壓、靜壓、密度和溫度的函數，就如同理想氣體方程式（$P = \rho RT$）所描述的一樣，他們不是彼此互相獨立，而不被相互影響的。所以必須由靜壓、動壓和總溫感測器提供的原始資訊，再加上一些修正用感測器（如迎角和側滑角）的資訊，經過計算裝置計算後獲得。因此，大氣資料系統包括了感測器、輸入介面、數位電腦、輸出介面和顯示器等幾部分所組成。由感測器去感測壓力、高度、溫度以及飛機姿態的資訊，經過電腦計算後，由高度、真實空速和馬赫數等專用顯示器或電子綜合顯示器顯示準確的大氣數據資料，如圖一○三所示。

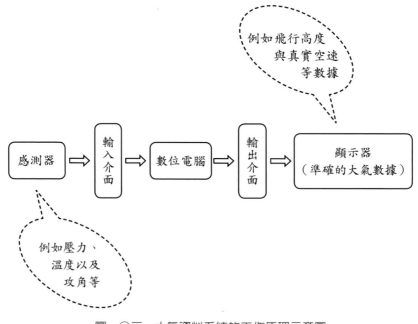

圖一○三　大氣資料系統的工作原理示意圖

航空小常識

　　目前，高性能飛機都採用數位式大氣資料系統，在飛機上均裝有多套大氣資料系統，而氣壓式高度表、空速表和馬赫數表作應急儀表用。

飛機的飛行控制有人工操縱和自動控制兩類，人工操縱是指駕駛員通過飛機上的操縱裝置控制飛機的飛行。飛機的自動控制是指通過飛機自動控制系統自動來控制飛機的飛行，使用飛機自動控制系統時，駕駛員只進行監控的工作。

一、自動駕駛儀

自動駕駛儀是一種要求飛機按照一定飛行軌跡的自動控制設備，其作用主要是保持飛機姿態和輔助駕駛員操縱飛機，在使用飛機自動控制系統時，駕駛員只進行監控的工作。使用自動駕駛儀代替駕駛員操縱飛機時，應該模仿駕駛員操縱飛機的過程，它是由敏感元件（感測器）、電腦、信號放大器和伺服機構所組成。當飛機偏離原有姿態時，由敏感元件（感測器）感測出變化，電腦算出偏差量，並信號將放大後，傳達給伺服機構將飛機控制面操縱到所需位置，直到飛機回復到原定的軌跡飛行為止，如圖一〇四所示。

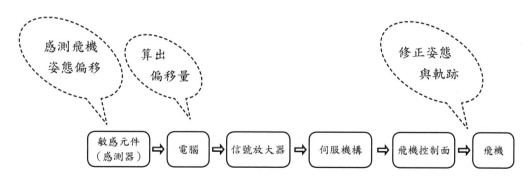

圖一〇四　大氣資料系統的工作原理示意圖

二、自動著陸控制

　　著陸是飛行器航行中的一個重要階段。著陸時，飛行員必須在很短的時間內完成許多要求很高的操作，若僅靠目視著陸，為保證安全，飛行員需要在很遠的距離上就能清晰地看到跑道，以民航飛機為例，會要求駕駛員在飛行高度不低於300公尺時，水平能見度不小於4.8公里。為了保證飛機能在夜間或不良氣候條件下安全著陸，必須由無線電導航系統向飛行員提供飛行器與正確的下滑航道之間偏離程度的高精度指示。

（一）飛機的著陸

　　實際上，飛機的著陸是包括進近和著陸兩個階段。飛機從距離機場30～50公里處接收著陸系統的無線電信號開始後下降高度到跑道延長線上空幾十米的決斷高度，這一個階段稱為進近階段。在決斷高度上，飛行員主要依據能否清晰地看到跑道來對著陸或復飛作出決斷。若飛行員能清晰地看到跑道，且飛行器在正確的下滑航道上，則可繼續著陸五個步驟（下滑、拉平、平飛減速、飄落和地面減速滑跑），直到飛機完全停止為止，如圖一○五所示。

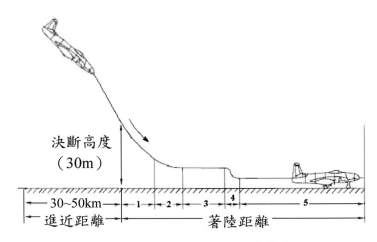

1.下滑階段；2.拉平階段；3.平非減速階段；
4.飄落階段；5.著陸滑跑階段

圖一○五　飛機進近和著陸兩個階段的示意圖

（二）自動著陸控制規定

國際民航組織ICAO按照跑道上的水平能見度RVR，把氣象條件分為
三類，並除III類氣象條件外，規定了決斷高度H。如表一所示。

表一　國際民航組織ICAO所規定之各類氣象著陸條件

氣象條件	水平能見度	決斷高度
I	800公尺	60公尺
II	100公尺	30公尺
IIIA	200公尺	0公尺
IIIB	50公尺	0公尺
IIIC	50公尺以下	0公尺

對飛機自動著陸來說，儀表著陸系統（ILS）和微波著陸系統（MLS）
都是使用非目視著陸引導設備，其基本原理都由機場上的儀表著陸和微波
著陸系統在跑道上空形成下滑道，飛機上安裝了相應的無線電接收機，如
果飛機偏離下滑道，則接收機輸出的電信號會通過自動駕駛儀操縱飛機控
制面（一般是升降舵或方向舵），使飛機進入下滑道。讓飛機保持在下滑
道上逐漸降低高度，實現自動著陸。目前，在民航機場主要使用的著陸無
線電導航系統為儀表著陸系統（ILS）和微波著陸系統（MLS），儀表著
陸系統（ILS）前者可引導飛機在I類或II類氣象條件下著陸，至於微波著
陸系統（MLS）則可用來引導飛機在III類氣象條件下著陸。

航空小常識

　　盲降是儀表著陸系統ILS的俗稱。因為儀表著陸系統能在低天氣標準或飛
行員看不到任何目視參考的天氣下引導飛機進近著陸，所以人們就把儀表著陸
系統稱為盲降，即飛行員在肉眼無法看清機場跑道的情況下操控航班降落。

（三）自動著陸系統簡介

1.儀表著陸系統（ILS）：儀表著陸系統（ILS）的地面設備由航向信標
（LOC；又稱航向台）、下滑信標（GS；又稱下滑台）和指點信標
（MB）三部分組成，航向信標安裝在跑道中心線的延長線上，其任務
是提供與跑道中心線相垂直的無線電航道信號，做為與飛機相對跑道航
向道的水平位置指引。下滑信標設置於位於跑道入口端一側，提供飛機
相對跑道入口的垂直位置的指引；指點信標架設在進近方向的跑道中心
線的延長線上，它向上輻射一個錐形波束，發射功率為12瓦，因為功率
小.只有當飛越其上空時，飛機上才能收到信號，並發出相應的聲響和燈
光信號，向飛行器提供地標位置信號資訊。大、中型機場設置三個指點
信標，如圖一〇六所示。

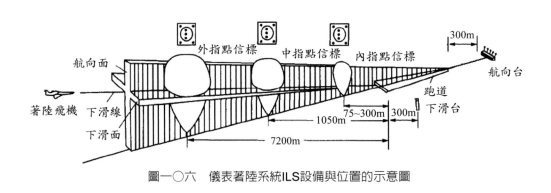

圖一〇六　儀表著陸系統ILS設備與位置的示意圖

2.微波著陸系統（MLS）：近幾十年來，儀表著陸系統（ILS）系統在發
展航空運輸、保障飛行安全方面起了很大作用，但由於系統的工作頻率
較低，波束固定且較寬。因此有工作頻道少、波束方向易受地形等影
響、精度不夠高`以及只能給出一條下滑道的缺點，這些缺點使儀表著陸
系統（ILS）日益不適應現代航空港的要求。為了克服這些缺點，許多
國家相繼研製了各種微波著陸系統（MLS），一九七八年國際民航組織
確定了時基掃描微波著陸系統（TRSB/InterSCan）作為國際標準體制，
並確定了它的信號格式。相信其它未來將成為主要的著陸系統。

第十章

飛行力學與飛機性能

本章主要探討飛機在飛行中受到的作用力及其在作用力下的所生運動情況，並對飛機飛行的主要性能做一簡單介紹，使同學能夠對飛機的優劣性做初步判定。

飛行力學是研究飛行器在空中飛行時所受到的力和運動軌跡的學問，通俗的講就是研究飛機在飛行時的受力情況以及如何保持需要的飛行姿態以及如何調整飛行狀態和飛行軌跡的學問。由於如何保持需要的飛行姿態以及如何調整飛行狀態和飛行軌跡的問題，我們已經在前面幾章加以說明。在此不加贅述。本章節的主要著眼點放在飛機在飛行時的受力情況以及加速度和速度的關係。

一、牛頓三大運動定律

由於飛行力學主要是以牛頓力學理論為基礎，所以在本部份將重新介紹其牛頓三大運動定律，以方便讀者研究其後續內容。

（一）牛頓第一運動定律（慣性定律）：若物體所受外力為0，則靜者恆靜，動者恆做等速直線運動（也就是物體的加速度為0）。

（二）牛頓第二運動定律（作用力與加速度定律）：一個受到不平衡作用力的質點，會得到與力的方向相同，且大小與作用力成正比的加速度，也就是：$\vec{F} = m\vec{a}$

（三）牛頓第三運動定律（作用力與反作用力定律）：兩質點間的作用力和反作用力，大小相等、方向相反且作用在同一直線上。

牛頓第二運動定律建立了質點的加速運動與其作用力之間的關係，此定律為太空動力學絕大部分研究的基礎。當物體所受到的合力為零時，牛頓第二定律即導致其第一定律的結果；也就是物體沒有加速度的產生，因此質點的速度保持常數。

二、質點系統的運動方程式

在飛行力學中研究飛機在飛行時的受力。

情況以及加速度和速度的關係，是飛機在空中的一切運動，視為飛機的質點運動。圖一〇七所表示的是n個質點系統的慣性座標系統，其運動方程式可表示為：$\vec{F} = \sum m_i \vec{a_i}$；在此 m_i 是表示第i個質點的質量；a_i 是表示第i個質點的加速度。

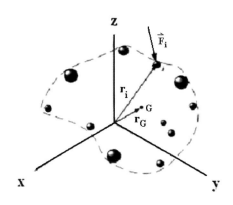

圖一〇七　質點系統的慣性座標系統

由於作用在質點系統上外力的合力等於質點的總質量乘以質點系統中質心G的加速度，所以 $\vec{F} = \sum \vec{F_i} = \sum m_i \vec{a_i} = m_m \vec{a_G}$。

三、運動方程式

（一）公式（牛頓第二運動定律）：$\vec{F} = m\vec{a}$

（二）使用條件（慣性參考座標）

應用運動方程式時，加速度的量測必須基於牛頓參考座標或慣性參考座標。此座標系統不旋轉，且為靜止或以等速在某一方向平移（零加速度）。此定義保證在兩個不同的慣性參考座標上的觀察者量到的質點加速度都是相同的。

四、在航空界上的應用

飛機在運動時，主要受到升力（L）、重力（W）、阻力（D）以及推力（T）四種力量，在此，本書將以爬升、下滑以及巡航等三種飛機飛行運動，說明飛機所受外力與以及加速度和速度的關係。

（一）飛機爬升運動

就如同前面說明，應用運動方程式時量測飛機速度與加速度的變化情形，必須基於牛頓參考座標或慣性參考座標來計算，如圖一〇八所示，為飛機爬升時的受力狀態。

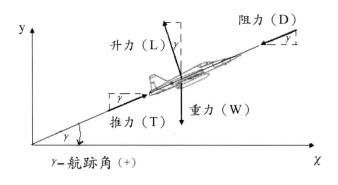

圖一〇八　飛機爬升時受力狀態的示意圖

從圖一〇八所示，令F_X為飛機爬升時，在慣性參考座標x方向的合力，F_y為飛機爬升時，在慣性參考座標y方向的合力，我們可以得到以下關係式：

$$F_X = T\cos\gamma - L\sin\gamma - D\cos\gamma$$

$$F_y = T\sin\gamma + L\cos\gamma - D\sin\gamma - W$$

如果$F_X = 0$，則此飛機飛行在x方向無加速度，如果$F_y = 0$，則此飛機飛行在y方向無加速度。如果$F_X = 0$且$F_y = 0$，則此飛機飛行做等速度爬升飛行。

（二）飛機下滑運動

圖一〇九表示飛機在下滑時的受力狀態。

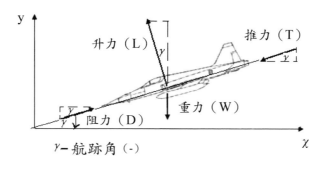

圖一〇九　飛機下滑時受力狀態的示意圖

從圖一〇九所示，令F_X為飛機下滑時，在慣性參考座標x方向的合力，F_y為飛機下滑時，在慣性參考座標y方向的合力，我們可以得到以下關係式：

$$F_X = -T\cos\gamma - L\sin\gamma + D\cos\gamma$$

$$F_y = -T\sin\gamma + L\cos\gamma + D\sin\gamma - W$$

如果$F_X = 0$，則此飛機飛行在x方向無加速度，如果$F_y = 0$，則此飛機飛行在y方向無加速度。如果$F_X = 0$且$F_y = 0$，則此飛機飛行做等速度下滑飛行。

（三）飛機巡航運動

　　如圖一一〇所示，飛機在巡航時，是做等速度與等高度飛行，因為升力等於重力，阻力等於推力，所以飛機所受到外力的合力為0，所以。根據牛頓第一運動定律，所以飛機不會產生加速度。

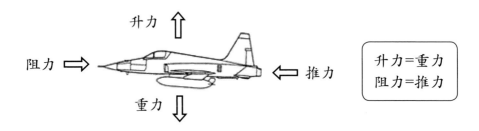

加速度=0；等速度飛行

圖一一〇　飛機巡航時的受力示意圖

第二節　飛機基本性能

　　飛機的飛行性能是評價飛機優劣的主要指標，惟有瞭解飛機性能，才能有效地掌控飛機的狀態，因此，本書在此對飛機基本性能做一初步介紹，希望能對讀者在判定飛機的優劣性時，能有所助益，敘述如下：

一、速度性能

（一）最大平飛速度

　　所謂最大平飛速度是指飛機在一定的高度上作水平飛行時，發動機在最大功率（或最大推力）工作所能達到的最大飛行速度，通常簡稱為最大速度。影響飛機最大平飛速度的主要因素是發動機的推力和飛機的阻力，所以最大平飛速度取決於發動機的性能與飛機的外形。

　　通常飛機不用最大平飛速度長時間飛行，因為耗油太多。而且發動機容易損壞，縮短使用壽命。除作戰或特殊需要外，一般以比較省油的巡航速度飛行。但是創造世界速度紀錄的飛機，都是以最大平飛速度作為評定標準。。

（二）最小平飛速度

　　所謂最小平飛速度是指飛機在一定的飛行高度上維持飛機水平飛行的最小速度。飛機的最小平飛速度越小，它的起飛、著陸和盤旋性能就越好。

（三）巡航速度

　　所謂巡航速度是指發動機在每公里消耗燃油最少的情況下飛機的飛行速度。這個速度一般為飛機最大平飛速度的70%～80%，在巡航速度狀態下的飛行是最經濟，而且飛機的航程最大。

二、高度性能

（一）升限

　　飛機上升所能達到的最大高度，叫做升限。飛機的升限有兩種。一種叫理論升限（又叫絕對升限），它是指爬升率等於零時的高度，沒有什麼實際意義。航空界常用的是實用升限。所謂實用升限是指飛機在爬升率為5m/s時所對應的高度。

（二）爬升率

　　飛機的爬升率是指單位時間內飛機所上升的高度（即飛行速度的垂直分量），爬升率大，說明飛機爬升快，上升到預定高度所需的時間短。爬升率與飛行高度有關。隨著飛行高度增加，空氣密度減少，發動機推力降低，所以爬升率隨著高度增加而減小。一般最大爬升率在高度為海平面高度時。

三、飛行距離

（一）航程

是指飛機在不加油的情況下所能達到的最遠水準飛行距離。

增加航程的主要辦法是多帶燃料、減小發動機的燃料消耗和增大升阻比。航程遠，表示飛機的活動範圍大，對民用客機和運輸機來說，可以把客貨運到更遠的地方，而減少中途停留加油的次數。

（二）續航時間

它是指飛機在不進行空中加油的情況下，耗盡其本身攜帶的可用燃料時，所能持續飛行的時間。增加續航時間的方法與增加航程的方法相類似。現代作戰飛機大都掛有副油箱，就是為了多帶燃料以增大航程和航時，某些飛機為了增大航程、減小起飛時的載油量，以縮短滑跑距離或增加其他載重，甚至用空中加油的辦法，在飛行途中由加油機補給燃料。

四、飛行包線

對於某一種飛機來說，它在某一個確定的高度上，可以保持水平飛行的速度是有一定範圍的。速度大到一定極限時，發動機推力不夠，速度小到一定極限時，飛機的升力又不夠。因此，當今各航空公司就以速度作為橫坐標，以高度作為縱坐標，把各個高度下的速度上限和下限畫出來，這樣就構成了一條邊界線，成為飛行包線，飛機只能在這個線的範圍內飛行，如圖———所示。

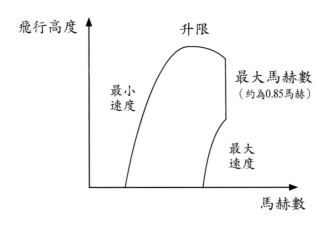

圖———　飛行包線示意圖

從圖———中，我們可以看出：飛行包線的左邊表示受到最小速度的限制；右邊受最大速度和最大馬赫數限制；而頂端則受到飛機升限的限制。

五、超音速飛行所引起的音爆現象

　　飛機作超音速飛行時，機頭、機尾都會產生震波，使震波後面的空氣壓力增大很多。在震波經過的瞬間，地面將聽到「巨雷」或炸彈爆炸般的響聲，這就是超聲速飛行的「音爆」現象。「音爆」對地面造成的影響，是由震波引起的空氣壓力增高傳到地面空氣的壓力增大值來決定的，震波所引起的壓力變化，對地面影響是否嚴重，與飛行高度、飛行姿態、飛機外形以及飛行馬赫數有很大的關係。一般說來，大飛機在飛行高度低、飛行馬赫數大時，則造成的影響相應就大，其中尤其以飛行高度的影響最為顯著。因為如果飛機的飛行高度高，同一飛行馬赫數產生的震波強度弱；同時從高空傳至地面的路程長，強度也要削弱，所以對地面影響大大減弱。事實證明，超音速飛行所產生的音爆過強，會嚴重影響居民地區的安寧，甚至給建築物造成破壞，所以一般情況下，作超音速飛行，不應低於規定高度，以儘量減弱音爆的影響。

第十一章

機場管制與飛航安全

在早期只有在直接造成人員的傷害與死亡事故，才會引起安全的討論；漸漸地，隨著航空運輸量大增，航空事故日益頻繁，飛航安全開始成為人們重視的課題。本章主要是介紹「機場管制」與「飛航安全」的基本概念，希望能將各種技術與資源，經過整合，使得飛航系統在運作時，免於事故的發生。

一、機場的設置與功用

（一）機場的設置

當第一架飛機在一九〇三年出現的時候還沒有機場的概念，當時只要找一塊平坦的土地和草地能夠起降飛機即可。最早的飛機起降落地點是草地，隨著飛機重量的增加以及航空技術的進步，飛機的起降要求亦跟著提高，為了滿足航管、通信、跑道強度以及旅客進出機場的要求，出現了塔臺、混凝土跑道和候機室等設施。在二十世紀中，國際民航組織為全世界的機場建設制定了統一的標準和推薦要求，使全世界的機場設施的標準有了規範。

航空小常識

　　因為現代高性能飛機都是噴氣式飛機（安裝渦輪噴射發動機、渦輪風扇發動機或渦輪螺旋槳發動機的飛機），在發動機運轉時會帶來嚴重的噪音問題，所以機場多遠離市中心，設置在較偏僻的地方。

（二）機場的功用

　　機場是提供飛機起飛、著陸、停放和維護，並有專門設施保障飛機飛行活動的場所。大多數的飛機起飛和著陸都需要專門的機場、著陸引導系統和其他保障設施，因此建設了專門的機場。機場可分為「非禁區」和「禁區（管制區）」二種範圍。非禁區的範圍包括停車場、公共運輸車站和連外道路，而禁區範圍包括所有飛機進入的地方，包括跑道、滑行道、停機坪、登機室及等候室。大多數的機場都會在非禁區到禁區的中間範圍，做嚴格的控管。搭機的乘客在進入禁區範圍前，必須經過客運大樓，在那裡購買機票、接受安全檢查、托運或領取行李以及透過登機門登機。

　　機場的保安工作是十分嚴密的，人們不能隨便闖入停機坪、跑道等地方，否則可能會遭到檢控；客運大樓內的安檢措施亦十分嚴格，乘客所有隨身物品和行李都先要經過X光機檢查，乘客也須走過金屬探測器，以防有心人士攜帶武器劫機；乘客亦不能攜帶液體上飛機以及任何能做為武器的物品，需要放在托運行李裡。

二、飛機起降必要設施

（一）跑道

如圖一一二所示，跑道是直接提供飛機起飛滑跑和著陸滑。

跑用的設施，機場一般有一條跑道，大型機場有的有兩條跑道，可以保證飛機從兩個相反的方向起飛和降落，根據機場用途和海拔高度不同。跑道長度也不一樣，一般在1000～5000公尺的範圍（小型機場的跑道往往短於1000公尺）；寬度則在30～60公尺不等。一般中型以上機場的跑道通常鋪有瀝青或混凝土，屬剛性道面，能承受的重量也比較大，其他非剛性因為只能抗壓，但是不能抗彎，所以承載能力小，只有用於小型機場。

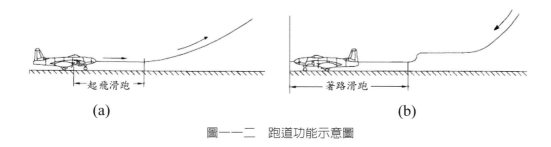

(a)   (b)

圖一一二　跑道功能示意圖

（二）機坪

　　機坪又稱之為停機坪，指的是機場內供飛機停放的平地，用以上下旅客或貨物、清掃、加油以及簡易的檢修等。機坪在登機的要求上，是希望讓旅客儘量減少步行上機的距離，所以登機機坪大多指的是飛機停放在候機樓旁的區域，如圖一一三所示。

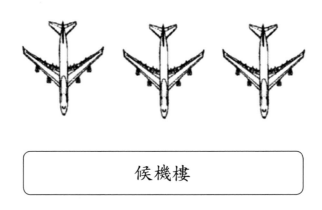

候機樓

圖一一三　登機機坪示意圖

　　但是有時飛機距離候機樓有一段路程，這時乘客必須步行或搭乘登機用的巴士才能登機。

（三）滑行道

　　滑行道的作用是連接跑道與停機坪，供飛機滑行或牽引時用，我們一般將與跑道平行的滑行道稱為主滑行道，其他的叫做聯絡道。在交通繁忙的跑道中段有多個跑道出口與滑行道相連，以便讓降落的飛機迅速離開跑道。這樣可以提高跑道的利用率，如圖一一四所示。

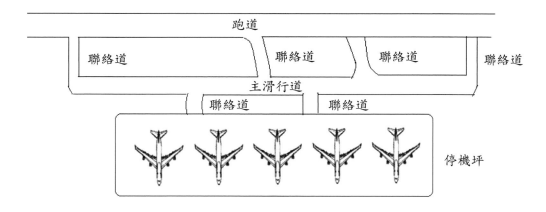

圖一一四　滑行道的外觀示意圖

（四）塔臺

　　塔臺是一種設置於機場中的航空交通管制設施，用來監看以及控制飛機起降的地方。通常塔臺是機場的最高建築，在塔臺可以看到機場內飛機的活動情況。機場管制服務就由機場管制塔臺提供。塔臺管制人員在塔臺最高層，通過目視管理飛機在機場上空和地面的運動。隨著飛機數量的增加，目視管理已經難以滿足要求。近年來，機場地面監視雷達的使用大大提高了塔臺指揮的效能。

航空小常識

　　通常塔臺的高度必須超越機場內其他建築，以便讓航空管制員能看清機場四周的動態，但是臨時性的塔臺裝備可以從拖車或遠端無線電來操控。完整的塔臺建築，最高的頂樓通常四面都是透明的窗戶，能夠保持360度的視野。中等流量的機場塔臺可能僅由一名航管人員負責，而且塔臺不一定會每天24小時開放。流量較大的機場，通常會有能容納許多航管人員和其他工作人員的空間，塔臺也會保持一年365天，每天24小時開放。

三、機場管制任務

機場管制的任務包括兩大部分，一部分是機場空域的管理，另一部分是機場地面交通管理。大型機場分別由機場地面交通管制員和空中管制員負責，而小型機場只有一個塔臺管制員負責整個機場空中和地面的全部航空器運動。

（一）機場地面交通管制員的任務

機場地面交通管制員負責控制在跑道外的所有機場地面的交通指揮，包括在滑行道以及機坪上的飛機、行李拖車、割草機、加油車以及各種各樣的其他車輛的運動。在飛機通過時，機場地面交通管制員必須告知它們可通過跑道的時間以及車輛停放的位置，防止飛機在運動中出現與地面車輛和障礙物碰撞。地面交通管制員負責給出飛機的發動機啟動許可以及進入滑行道許可。對於到達的飛機，當飛機滑出跑道後.由地面管制員安排飛機滑行至機坪停機位。當飛機準備起飛時，會先停在跑道的起點，這時由空中管制員（塔臺管制）接手，告訴飛行員起飛的時機。

（二）機場交通管制管制（塔臺管制）員的任務

機場空中交通管制員負責控制飛機進入跑道後的運動以及按照目視飛行規則在機場起落航線上飛行的飛機。其任務是給出起飛或著陸許可，引導在起落航線上飛行的飛機起飛和著陸，並合理安排與維持飛機的安全隔離的放行間隔，以保證飛機的飛行安全和加速並保持空中交通之有序暢通。

四、機場起降模式（五邊進場）

　　所有的機場都會使用五邊進場的起降模式來確保飛機起降的暢順，地面的航管員會指示飛行員如何進入或離開這個模式。對於起飛和降落的飛機在機場要按一定的航線飛行，這種飛行航線叫做起落航線。航線由5段組成，每一航段稱為一個邊。第一段稱為第一邊或是逆風邊，它的航跡平行於跑道，方向與著陸方向相同。第二段稱為第二邊或是側風邊，它垂直於跑道.第三段稱為第三邊或是順風邊，它的航跡平行與跑道，但航向和著陸方向相反。第四段稱為第四邊或是基本邊，它的方向和跑道垂直，它的終端在和跑道中心線的延長線交點處。第五段叫第五邊，也稱為是末邊，它的方向對準跑道中心線，飛機沿著它著陸，如圖一一五所示。

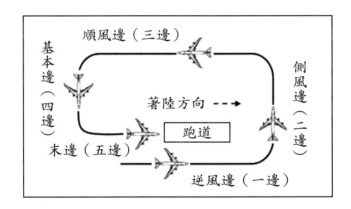

圖一一五　五邊進場起降模式的示意圖

　　特大型的機場雖然會設定五邊進場的飛行模式，但是通常並不使用。長途的商業客機會在離機場幾個小時的路程，甚至是起飛前，就向目的地機場發出進場請求，大型機場會有專屬的無線電頻道稱為「Clearance Delivery」，供離港飛機使用，使飛機能採取最直接的進場路徑來降落，無需擔心其他飛機的干擾。雖然系統可以讓領空暢空並方便飛行員起降，但是它必須要有班機的預定行程才能早先一步規劃班機的起降計畫，因此只有大型商業飛機上才能派上用場。該系統近年來非常先進，甚至在飛機從原機場起飛前，航管員已可早一步預測飛機降落是否會延誤，如此一來，飛機可晚點起飛，避免浪費昂貴的燃料在空中盤旋等待降落。

五、靜電防護

　　機身在天上與空氣、水氣摩擦，難免會帶有靜電，在一般的情況下，電荷會均勻分布到金屬機身表面。但是如果飛機的機身上累積過多的靜電，很容易吸引到雷電，所以飛機在機翼尖端或機身尾部，都會裝上靜電刷，在飛行過程中將累積在機身上的靜電釋放到空氣中，如圖一一六所示。

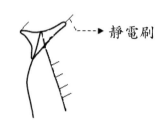

圖一一六　靜電刷的外觀示意圖

　　小型飛機機身累積的電荷不會太多，機翼尖端也可以自行放電，但是大型飛機就會需要靜電刷，多的甚至在一架飛機上裝了十幾枝。飛機上累積太多電荷，不只在空中飛行時容易吸引雷電造成危險，飛機落地後，電荷也容易藉由接近的油灌車、工作人員等「通路」釋放，引起「跳火」，輕則造成設備損壞，重則引起油氣爆炸。

　　為了避免機身上的靜電引起火花造成油氣爆炸意外，飛機落地加油時，一定要接上「搭地線」。這個動作是重要的安檢項目之一。而且不只飛機要接搭地線，加油的油車也要接搭地線，加油的油槍也要接，確認三者都有放電，避免意外。

六、外物損傷（F.O.D）防護

（一）外物損傷（F.O.D）的定義

　　所謂外物是指飛機在起降過程中，足以損害飛機的一切外來物質，例如：金屬零件、防水塑膠布、碎石塊、紙屑以及樹葉等。飛機在起降過程中是非常脆弱的，小石頭或金屬塊會扎傷機輪引起爆胎，所產生的輪胎破片又會擊傷飛機本體或重要部份，造成更大的損失；塑膠布、紙片或是飛鳥被吸入發動機，會造成發動機損傷，甚至故障。

（二）外物損傷（F.O.D）的危害與防制

　　根據保守估計，每年全球因為外物損傷（F.O.D）造成的損失至少在30億美元～40億美元，外物損傷不僅會造成巨大的直接損失，還會造成航班延誤、中斷起飛以及關閉跑道等間接損失，而間接損失至少為直接損失的四倍，所以民航局與各航空公司都訂有跑道異物清除以及飛鳥防制的辦法與計劃。

（三）飛鳥防制的主要措施

　　目前飛鳥防制的主要措施大致有以下幾種，說明如後：

1. 整治機場周圍的生態環境，降低鳥類出沒頻率：鳥類的生存離不開水、食物、巢（棲息地）3個方面，因此要及時清除機場周圍的水源，控制機場周圍的樹木。為保證飛行安全，機場周邊生長的樹木應距機場150米以外，機坪跑道旁的草應割成200～700毫米高較為科學。太低地表溫度高，小蟲、蚯蚓繁殖加快，容易招鳥覓食；太高又為野兔等小動物提供棲息之所，容易招引鷹之類的大鳥。再有就是使用殺蟲劑殺蟲滅蝗，斷鳥「口糧」。

2. 在機場配置驅鳥設備，利用其聲、形、光等特徵驅散鳥群：目前比較有效的辦法是「聲光威嚇」手段驅鳥，例如：模擬爆竹與獵槍的聲音、製造鐳射閃光以及安裝聲波裝置等。

3. 加強立法，依法「治鳥」：國外的一些機場從設計、建造到機場環境的管理，都有嚴格的法律規定，在機場的選址、設計、施工中都必須依法考慮鳥害防治問題。在航空條例中也有明令規定機場當局、當地政府都有責任採取措施，共同防治鳥害。

　　和其他交通工具比較，航空運輸應該是最安全的交通工具，但是航空事故較為殘忍的一點在於它與其他交通事故不同，航空事故的發生可能代表的是大量的人命損失以及高價值的飛機在瞬間消逝，它所帶給國人的震撼及社會的成本是無可諱言的。隨著航空事故日益頻繁，飛航安全開始成為人們重視的課題。在此本書希望藉由本部份的介紹，能夠讓國人瞭解飛安的問題，降低航空事故的發生機率。說明如後：

（一）航空事故的定義

　　航空事故是指航空器因為人為或非人為因素導致事故出現的發生，依照事故的嚴重性可以分為航空器失事（俗稱空難）、航空重大意外以及航空意外三大類。航空器失事必須符合1.有人受到嚴重傷害或性命損失。2.航空器出現結構性損毀，影響飛行性能從而需要維修。3.航空器失蹤或完全損毀等三項條件的其中一項條件。

（二）機組資源管理（CRM）

　　根據調查飛機失事肇因大抵可區分為1.機械因素。2.人為因素。3.環境因素以及4.其他不明原因等四大類。其中人為因素大約占70％，而飛行員仍為失事的主要肇致者。因此在一九七九年美國國家航空暨太空總署提出了「機組資源管理（CRM）」的概念。CRM的管理方式集中在機組人員之間的溝通、整合、領導以及決定能力，並希望藉由工作負荷管理及情境感知的方式察覺團隊組員有失常與避免個體過度的工作負荷。依照民航局「固定翼航空器民航運輸駕駛員技術考驗規定」，機組資源管理（CRM）主要的意義應為「有效地運用各種技術（硬體與資訊）和飛航組員以及與飛航安全相關其他人員（包括簽派員、客艙組員、維修人員與航管人員）等人力資源，並加以整合，藉以避免在運作飛航系統時導致航空事故的發生」。時至今日，機組資源管理（CRM）的概念已經廣為航空業者接受與使用。

（三）惡劣天氣對飛航安全的影響

　　惡劣天氣可能導致航空事故，例如風切變、雷暴、寒冷天氣引致機翼結冰、濃霧造成能見度不佳等。由於後者本書已經在前面敘述過，因此，本部份的重點將集中在風切變、雷暴以及積冰問題，敘述如下：

1.晴空亂流：在對流層和平流層之間，還有一個厚度為數百米到1～2公里的過渡層，我們稱為對流層頂，在對流層頂附近溫度與風向風速之變化很大，可能影響到飛航安全、飛行效能與乘客舒適。在對流層頂附近常出現強烈風切，該一過渡層面常為亂流之所在，由於晴朗無雲，故稱晴空亂流。晴空亂流因無明顯的的導因及徵兆，再者天氣晴朗時並無微粒可供氣象雷達偵測，故目前極難預防及防範。

2.低空風切（又稱稱微風爆）：

　(1)定義：風切變是一種大氣現象，是風速在水平和垂直方向的突然變化，如圖一一七所示。

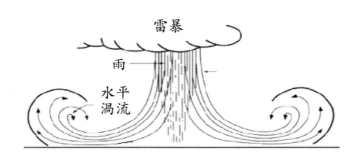

圖一一七　對稱微風爆的外觀示意圖

　　國際航空界公認風切變威脅最大的是低空風切變，它不僅能使飛機航跡偏離，而且可能使飛機失去穩定。低空風切是指在離地約500公尺高度以下風速在水平和垂直方向的突然變化情形，低空風切能夠對飛機空速產生很大的影響，致使飛機的姿態和高度發生突然變化，在低高度時，其所造成的影響有時是具災難性的，因此被國際航空界公認為是飛機起飛和著陸階段的一個重要危險因素。

(2)危害：如圖一一八（a）所示，當飛機自跑道起飛時，如果爬升通道正好通過下衝氣流，攻角減少，升力下降，當飛機飛出下衝氣流後，又到順風區，使飛機與氣流的相對速度突然降低，因此造成升力突然減少，那麼飛機會突然的非正常下降，可能導致飛機墜毀。

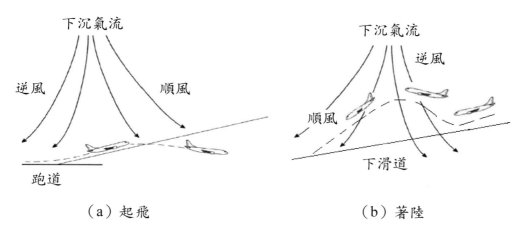

（a）起飛　　　　　　　　　　（b）著陸

圖一一八　低空風切對飛機造成影響的示意圖

　　當飛機著陸時，自跑道起飛時，如果遇到逆風區，使飛機與氣流的相對速度突然增加，因此造成升力突然增加，那麼飛機會突然的非正常上升，脫離原有的著陸航跡，如果正好通過下衝氣流，攻角減少，升力會呈現突然的非正常下降，有可能高度過低造成危險。當飛機飛出微下衝氣流後，又進入了順風氣流，使飛機與氣流的相對速度突然降低，如圖一一八（b）所示。由於飛機在著陸過程中本來就在不斷減速，我們知道飛機的飛行速度必須大於最小速度才能不失速，突然的減速就很可能使飛機進入失速狀態，飛行姿態無法控制，而在如此低的高度和速度下，根本不可能留給飛行員空間和時間來恢復控制，從而造成飛行事故。

　　嚴重的低空風切，對飛行安全威脅極大。這種風切氣流常從高空急速下衝，像向下傾瀉的巨型水龍頭，當飛機進入該區域時，先遇強逆風，後遇猛烈的下沉氣流，隨後又是強順風，飛機就像狂風中的樹葉被拋上拋下而失去控制，因此極易發生嚴重的墜落事件。

航空小常識

　　根據前機師饒自強指出：「風切就是強大對流氣流突然襲向地面，造成飛機忽高忽低。」另外，除了上下氣流不穩造成的垂直風切，機師最怕的還有突如其來的側風，側風的強度就像強颱颳起的陣風，再加上風是橫著跑道吹，和機身呈現垂直，遇到側風機身就會劇烈搖晃，如果機師掌握不好，飛機就可能被吹離跑道。當遇到側風時，駕駛需要調整飛機角度，減緩風力對機體的衝擊，萬一降落不成就必須重飛，或乾脆重飛，如果一再失敗就改降其他機場。

3.雷暴：

(1)定義：如圖一一九所示。雷暴是一種產生閃電及雷聲的自然天氣現
象。它通常伴隨著滂沱大雨或冰雹，而在冬季時甚至會隨暴風雪而
來。雷暴產生的必要條件是：大量的不穩定能量、充沛的水汽、足夠
的衝擊力。

圖一一九　雷暴示意圖

　　距離萊特兄弟發明飛機已有一百多年，科技日新月異，飛機在防
雷方面的技術也在不斷發展，但是避讓雷區一直是最優的選擇。現代
客機上都裝有氣象雷達，雷達會給我們的飛行員提供一份準確的「雷
達地圖」，領航員通過這份地圖，就可以精準的知道雷暴發生的情
況，保證飛機按安全的航向飛行。其次，地面氣象預報會與空中緊密
配合，協助飛行員隨時了解天氣情況。雷暴一般都發生在對流層，
飛機在一萬米以上高空飛行時，如果遇到雷雨區，飛行員可以操縱
飛機，從容躲避。所以飛機一般遭受雷擊的現象主要在起飛和降落
階段。

(2)危害：雷暴是一種危及航空飛行安全的危險天氣，所以在一般情況下，飛機應該避免在雷暴區中飛行。雖然根據統計飛機每飛行數萬小時就會遭遇一次雷擊，但是遭遇雷擊的飛機仍可能因強大電流使機身過熱而局部變形或熔毀；電流所形成的磁場，也會影響機上的電子裝置，對飛航安全還是會有一定的風險。

航空小常識

　　根據統計飛機每飛行數萬小時就會遭遇一次雷擊。由於客機機身大部分是由鋁製成的，可以防範3000萬伏的閃電。因為機身採用導體材料，當雷擊發生時，電流會沿著光滑的外表面傳導，不會造成「電壓差」，電流最後由機翼伸出的「靜電刷」放電，電流也不會穿透機身對旅客造成傷害，但是為了維護飛航安全，進一步的保障旅客安全，在飛機設計時仍採用了1.所有關鍵性的蓋板在雷擊後不會熔化。2.在複合材料結構中加入避雷條。3.飛機結構設計成良好的導通性（低電阻值），可以避免雷擊時產生過熱。4.避免雷擊所產生的電磁干擾，造成儀器的損壞以及5.安裝密封性佳、防止火花引爆的結構油箱等五種措施，降低雷擊對飛機所產生的危害，這也就是為什麼有些旅客看到飛機被閃電擊中卻安然無恙的原因。儘管飛機的抗雷能力強，但是任何的標準都是有限度的。

(3)**防護措施：**雷暴是一種危及航空飛行安全的危險天氣，所以在一般情況下，飛機應該避免在雷暴區中飛行，但是民航運輸飛行，每天固定的航班要飛，還有臨時增加的航班、專機任務要按時實施，在飛行中就不免會遇到雷暴，因此，必須採取預防措施，保證安全完成航空飛行任務。在此根據國內外有關資料，飛行員飛行經驗以及氣象保障工作經驗，提出以下幾點措施供航空飛行人員和空管指揮部門參考：

①飛行人員在飛行前要認真向氣象保障部門詳細瞭解飛行區域和航線天氣情況。

②飛行人員要儘可能避開雷暴活動區，其方法是推遲起飛間、改變航線及飛行高度、空中等待、繞飛、改降或返航等。

③飛行人員必須在飛行時應用機載雷達監視天氣變化。

④飛行人員在繞飛雷暴時，基本原則以目視不進入雷暴雲。

⑤儘量不在雷暴雲的下方飛行，因為雲與地之間閃電擊（雷擊）的次數最為頻繁，飛機也最容易遭到閃電擊。

⑥飛機在雲中飛行時，不僅要根據機上雷達判斷情況，同時要請求地面雷達進行配合，聽從空管指揮。

⑦當起飛機場有雷暴時，通常不要起飛，如果在雷暴較弱，任務又緊急，又有繞飛的可能，可向無雷暴的方向起飛。

⑧在雷暴區邊緣機場起飛、降落時，要特別注意低空風切所肇致的影響。

4.積冰：飛機在寒冷天氣中操作，潛在著諸多的危險。其中積冰的問題為飛航安全的一大危害，因此本書在此做一介紹。綜整如下：

(1)結構積冰對飛行的影響：不論在空中或是地面，冰或雪附著在機身及機翼上時，會對飛機的操作造成極大的負面影響。飛機之所以能夠在空中飛行，除了要靠發動機提供推力外，最主要的就是要由機翼產生升力。然而當機翼被積雪或積冰覆蓋時，機翼平滑的氣動力外形就會遭到破壞。原本流經機翼的平順氣流，會因此而形成亂流，使升力驟減，阻力驟增；積冰及積雪同時會使飛機重量增加。除此之外，若是在左右兩側的機翼，所形成的積冰重量或形態有顯著的差異，就會造成兩翼升力的不同，不但會導致飛機姿態產生滾轉，亦可能會引發偏航。當飛機姿態的變化量過大，而飛機的控制翼面，如副翼、方向舵、升降舵等，即使以最大的操控量，仍無法克服姿態的變化時，飛機便會失控。而且如果積冰層較厚，還會使飛機的重心位置改變，從而影響飛機的安定性，升力中心位移，操縱品質變差。

(2)發動機進氣道及壓縮機葉片積冰的影響：發動機積冰會使流經發動機內部的空氣流量不正常通過，在進氣道積冰會造成進氣流量不足或氣流不穩定，在壓縮機葉片除會造成氣流不正常通過外，還會引發振動，這些都會造成發動機的機械損傷，從而使發動機的推力降低，嚴重時，造成損壞或熄火。

(3)積冰對飛航儀器的影響：駕駛艙內的諸多飛行儀表，皆要自機外的大氣環境中取得數據，例如速度表以及高度表等。但是當機外的感測裝置為冰雪所封閉時，這些飛行儀表的讀數便會荒腔走板，無法提供正確的資訊，而使飛行員失去判斷飛行狀態的依據。

(4)天線積冰對飛航的影響：天線積冰可能會使無線電通信失效，中斷聯絡。強烈積冰能使天線同機體相接，發生短路，會造成無線電導航設備失靈。

(5)風擋積冰對飛航的影響：風擋積冰會大大降低其透明度，使目視條件大大惡化，嚴重影響飛行員視線。特別是在起飛、著陸階段，由於影響目視，會使起飛著陸發生困難，導致判斷著陸高度不準確，進而影響著陸安全，嚴重時會出現危險。

(6)起落架裝置結冰對飛航的影響：起落架裝置上的結冰，會在收輪時損壞起落架裝置或設備，積聚在起落架上的冰雪在起飛時脫落，會損壞飛機。

(7)在地面積冰對飛航的影響：地面積冰會造成飛機起降的滑行距離加長。除此之外，地面積冰時，冰的聚積是不對稱的，這些都有可能會造成飛機起降時，飛安事件的發生。

參考文獻

（1）陳大達，航空工程概論與解析，秀威資訊科技出版社，2013。

（2）蕭華，蒲金標，航空氣象學增訂版（BOD四版），秀威資訊科技出版社，2008。

（3）科技技術出版社中文編輯群，奧斯本圖解小百科——飛機的奧祕，1997。

（4）夏樹仁，飛行工程概論，全華出版社，2009。

（5）John David Anderson, Introduction to Flight，McGraw-Hill Higher Education. 2005.

（6）交通部民用航空局企劃組，航空運輸專論，交通部民用航空局企劃組出版2012。

（7）張有恆，飛行安全管理，華泰出版社，2005。

（8）陳大達，民航特考——飛行原理重點整理及歷年考題詳解，秀威資訊科技出版社2013。

（9）陳大達，民航特考——空氣動力學飛行原理重點整理及歷年考題詳解，秀威資訊科技出版社2013。

（10）陳建宏譯著，流體力學，曉園出版社，1986。

（11）何慶芝，航空航太概論，北京：北京航空航太大學出版社，1997。

（12）史超禮編，航空概論，北京：國防工業出版社，1978。

（13）中村寬治（簡佩珊譯），飛機的構造與飛行原理（圖解版），晨星出版社，2011。

（14）Wilkinson R. Aircraft Structures & Systems. Addison Wesley Longman Limited.1996.

秀威經典　　　　　　　　　　　　　　考試用書類　PB0030

飛機構造與原理
——圖解式飛航原理簡易入門小百科

作　　者 / 陳大達
責任編輯 / 陳佳怡
圖文排版 / 賴英珍
封面設計 / 楊廣容

出版策劃 / 秀威經典
發 行 人 / 宋政坤
法律顧問 / 毛國樑　律師
印製發行 / 秀威資訊科技股份有限公司
　　　　　114台北市內湖區瑞光路76巷65號1樓
　　　　　電話：+886-2-2796-3638　傳真：+886-2-2796-1377
　　　　　http://www.showwe.com.tw
劃撥帳號 / 19563868　戶名：秀威資訊科技股份有限公司
　　　　　讀者服務信箱：service@showwe.com.tw
展售門市 / 國家書店（松江門市）
　　　　　104台北市中山區松江路209號1樓
　　　　　電話：+886-2-2518-0207　傳真：+886-2-2518-0778
網路訂購 / 秀威網路書店：http://www.bodbooks.com.tw
　　　　　國家網路書店：http://www.govbooks.com.tw

2015年3月　BOD一版
定價：330元
版權所有　翻印必究
本書如有缺頁、破損或裝訂錯誤，請寄回更換

國家圖書館出版品預行編目

飛機構造與原理：圖解式飛航原理簡易入門小百科 /
　陳大達著. -- 一版. -- 臺北市：秀威資訊科技, 2015.03
　　面；　公分
　BOD版
　ISBN 978-986-326-313-5(平裝)

　1.飛行 2.航空力學

447.55　　　　　　　　　　　　　　　103027576

讀者回函卡

感謝您購買本書，為提升服務品質，請填妥以下資料，將讀者回函卡直接寄回或傳真本公司，收到您的寶貴意見後，我們會收藏記錄及檢討，謝謝！如您需要了解本公司最新出版書目、購書優惠或企劃活動，歡迎您上網查詢或下載相關資料：http:// www.showwe.com.tw

您購買的書名：＿＿＿＿＿＿＿＿＿＿＿＿＿＿＿＿＿＿＿＿＿＿

出生日期：＿＿＿＿＿＿年＿＿＿＿＿＿月＿＿＿＿＿＿日

學歷：□高中 (含) 以下　　□大專　　□研究所 (含) 以上

職業：□製造業　□金融業　□資訊業　□軍警　□傳播業　□自由業
　　　□服務業　□公務員　□教職　　□學生　□家管　□其它＿＿＿

購書地點：□網路書店　□實體書店　□書展　□郵購　□贈閱　□其他

您從何得知本書的消息？

　　□網路書店　□實體書店　□網路搜尋　□電子報　□書訊　□雜誌

　　□傳播媒體　□親友推薦　□網站推薦　□部落格　□其他＿＿＿＿＿

您對本書的評價：（請填代號　1.非常滿意　2.滿意　3.尚可　4.再改進）

　　封面設計＿＿　版面編排＿＿　內容＿＿　文／譯筆＿＿　價格＿＿

讀完書後您覺得：

　　□很有收穫　□有收穫　□收穫不多　□沒收穫

對我們的建議：＿＿＿＿＿＿＿＿＿＿＿＿＿＿＿＿＿＿＿＿＿＿

＿＿＿＿＿＿＿＿＿＿＿＿＿＿＿＿＿＿＿＿＿＿＿＿＿＿＿＿＿＿

＿＿＿＿＿＿＿＿＿＿＿＿＿＿＿＿＿＿＿＿＿＿＿＿＿＿＿＿＿＿

＿＿＿＿＿＿＿＿＿＿＿＿＿＿＿＿＿＿＿＿＿＿＿＿＿＿＿＿＿＿

11466
台北市內湖區瑞光路 76 巷 65 號 1 樓

秀威資訊科技股份有限公司　　　收

BOD 數位出版事業部

....

（請沿線對折寄回，謝謝！）

姓　　名：＿＿＿＿＿＿＿＿＿　年齡：＿＿＿＿　性別：□女　□男

郵遞區號：□□□□□

地　　址：＿＿＿＿＿＿＿＿＿＿＿＿＿＿＿＿＿＿＿＿＿

聯絡電話：(日) ＿＿＿＿＿＿＿＿＿　(夜) ＿＿＿＿＿＿＿＿＿

E - m a i l：＿＿＿＿＿＿＿＿＿＿＿＿＿＿＿＿＿＿＿